海南国家重点保护陆生野生动物图鉴

王同亮　汪继超　主编

河南科学技术出版社
·郑州·

图书在版编目（CIP）数据

海南国家重点保护陆生野生动物图鉴 / 王同亮，汪继超主编. —郑州：河南科学技术出版社，2022.3

ISBN 978-7-5725-0255-2

Ⅰ. ① 海… Ⅱ. ① 王… ② 汪… Ⅲ. ①陆栖—野生动物—海南—图集 Ⅳ. ① Q958.526.6-64

中国版本图书馆CIP数据核字（2021）第211879号

出版发行：河南科学技术出版社
地址：郑州市郑东新区祥盛街27号 邮编：450016
电话：（0371）65737028 65788613
网址：www.hnstp.cn

策划编辑：李义坤
责任编辑：申卫娟
责任校对：丁秀荣
封面设计：张德琛
版式设计：郑州新海岸电脑彩色制印有限公司
责任印制：张艳芳
印 刷：郑州新海岸电脑彩色制印有限公司
经 销：全国新华书店
开 本：720 mm × 1020 mm 1/16 印张：16 字数：370 千字
版 次：2022年3月第1版 2022年3月第1次印刷
定 价：98.00元

《海南国家重点保护陆生野生动物图鉴》编委会

顾　问：莫燕妮

主　编：王同亮　汪继超

成　员（按姓氏笔画排序）：

王世力　王同亮　汪继超　周　博　侯　钢　涂飞云

国内主要摄影者（按姓氏笔画排序）：

马　鸣　王　剑　王力军　王同亮　王根生　牛　震

卢　刚　叶瀚阳　白　明　曲大勇　朱永亨　朱弼成

任金龙　刘国琪　刘建国　关翔宇　孙家杰　杜芝莹

李文永　李兴宇　李建国　李思琪　杨晓穗　汪继超

宋世和　张小玲　张富华　张巍巍　陈　庆　陈正平

陈恺儒　范朋飞　罗理想　赵贵军　胡　珂　信泓宇

徐芳玲　梅志强　符惠全　彭猛威　程　成　楚　珊

雷挽洲　蔡　挺　谭　陈

海南热带雨林国家公园管理局鹦哥岭分局（单位）

海南热带野生动植物园（单位）

国外主要摄影者（按字母排序）：

Beachbassman　Jdross　Mriya Wildlife　Tory Kallman

王同亮

男，1987 年 8 月生，理学博士，海南省高层次人才。就职于海南师范大学生命科学学院。近年来一直从事两栖爬行动物生态与保护研究，主要研究方向为两栖爬行动物行为及生理生态学。主持海南省自然科学基金项目；参与国家自然科学基金、海南省重点研发等科研项目。发表学术论文 20 余篇。

汪继超

男，1973 年 10 月生，理学博士，教授，博士生导师，国家林业和草原科技创新领军人才，海南省领军人才。就职于海南师范大学生命科学学院。现任海南师范大学生命科学学院副院长，热带岛屿生态学教育部重点实验室副主任，兼任全国野生动物保护管理与经营利用标准化技术委员会委员，海南省生态学会副理事长。长期从事野生动物生态与保护研究，主要研究方向为两栖爬行动物生态学。主持国家自然科学基金、海南省重点研发项目等 20 余项。发表学术论文 50 余篇，出版著作 1 部，参编著作 3 部。

FOREWORD

前 言

海南地处热带北缘，属于热带季风气候，陆地面积约 3.54 万 km^2，地势四周低平，中间高耸，呈穹隆山地形，山地海拔多为 500~800 m。该地区热量充足，雨量充沛，年平均气温高，拥有全国保存最完整、连片面积最大的热带雨林，是全国乃至全球生物多样性最丰富的地区之一，是野生动植物的“宝库”。

2021 年 2 月 5 日，国家林业和草原局、农业农村部联合发布《国家重点保护野生动物名录》，这是继 1989 年首版《国家重点保护野生动物名录》发布后的首次修订，共列入野生动物 980 种和 8 类，其中国家一级保护野生动物 234 种和 1 类，国家二级保护野生动物 746 种和 7 类。经梳理，海南有 162 种陆生野生动物被列入新版《国家重点保护野生动物名录》，包括蛛形纲 1 种，昆虫纲 9 种，两栖纲 2 种，爬行纲 13 种，鸟纲 122 种，哺乳纲 15 种，其中国家一级保护野生动物 30 种，国家二级保护野生动物 132 种，海南特有种或特有亚种 35 种。

为加强对海南国家重点保护陆生野生动物的宣传和保护力度，提高社会公众对国家重点保护野生动物（尤其是新增物种）的识别能力，增强对动物及其生境的保护意识，促进海南生态文明和海南热带雨林国家公园建设，海南省野生动植物保护管理局委托海南师范大学编著出版《海南国家重点保护陆生野生动物图鉴》。本书共收录海南有分布记录的国家重点保护陆生野生动物 2 门 6 纲 32 目 62 科 162 种。本书中涉及的动物以彩色图示，并描述了物种的分类地位、保护级别、形态特征、识别要点、生境、生活习性等基础信息。本书内容丰富，图文并茂，实用性强，可供相关科研工作者、大专院校师生及动物保护监管部门和执法的人员参阅。

本书得到了海南省野生动植物保护管理局科研项目和海南省院士创新平台科研专项资金的资助，并得到了热带岛屿生态学教育部重点实验室、海南省热带动植物生态学重点实验室等科研平台的支持。在编写过程中采用了众多科研工作者、保护区工作人员、爱好者等提供的物种照片，在此对以上拍摄者表示衷心的感谢。

由于编者专业水平和编写时间所限，书中若有错漏之处，恳请读者批评指正，并提出宝贵意见和建议，以便改正和完善。

编者

2021 年 8 月

CONTENTS

目 录

第一部分

节肢动物门

ARTHROPODA

一、昆虫纲 INSECTA

1 中华叶䗛 *Phyllium sinensis*

英 文 名 Leaf Insects

别　　名 中华丽叶䗛

分类地位 䗛目（Phasmatodea）、叶䗛科（Phyllidae）

保护级别 国家二级

形态特征 体长约 78 mm，宽约 39 mm。头扁圆。眼半球形，棕色。眼和头顶间具一倒三角形浅凹，头顶较光滑。前胸背板宽舌状；中胸背板倒梯形，边缘具明显刺突。前翅阔叶形，长达第 7 腹节中央；后翅退化。前足腿节两侧具发达叶突，外叶突明显扩展；内叶突仅在前腿节基部约 1/4 处扩展。前足胫节内、外两侧均具明显叶突。中足腿节叶突近圆形。腹部极扁宽，近长方形，由基部至第 3 腹节渐宽，侧缘近斜直；第 4 腹节前角钝，第 5~7 腹节侧缘近平直；第 8 腹节后角明显后伸，呈阔叶状，末端宽圆；第 9 腹节侧缘平直；仅由第 10 腹节构成亚三角形腹端。雄虫触角棕色，除前足腿节外侧叶突为黄色外，3 对足均为棕色；胫节外侧呈叶片状。雌虫整体黄褐色，腹部多黄绿色；各足胫节、跗节及腹部背、腹面中央棕褐色至暗褐色。

识别要点 雌虫整体黄褐色，腹部多黄绿色；第 8 腹节后角明显延伸；第 9 腹节侧缘平直；仅由第 10 腹节构成亚三角形腹端。雄虫触角棕色，除前足腿节外侧叶突为黄色外，3 对足均为棕色。

生　　境 常栖息于常绿阔叶林路边灌木的叶片上。

生活习性 树栖，善伪装成树叶。

2　泛叶䗛　*Phyllium celebicum*

英 文 名　Leaf Insects

别　　名　叶子虫

分类地位　䗛目（Phasmatodea）、叶䗛科（Phyllidae）

保护级别　国家二级

形态特征　雌虫体长约 85 mm，雄虫体长约 70 mm。头椭圆形，眼半球形。头顶稍扁平、光滑或具颗粒。雄虫触角发达，25 节，侧扁，栉状或锯齿形，被长软毛，向后约达腹部中央；雌虫触角短，棒状。咀嚼式口器。前胸较短，近呈三角形，中胸长大于宽。雄虫前翅革质，较窄短；雌虫前翅革质，极发达，几乎盖满腹部。后翅膜质，透明；雄虫后翅发达，臀域较大。胸背板具钝瘤突，腹部末端三角形。雄虫腹部亚菱形，第 7 腹节最宽。雌虫腹部近方形，第 4~7 腹节两侧缘几乎平行，第 8 腹节迅速窄缩，第 8~10 腹节迅速变窄。

识别要点　雄虫触角 25 节，腹部亚菱形，第 7 腹节最宽。雌虫腹部近方形，第 4~7 腹节两侧缘几乎平行，第 8 腹节迅速窄缩，第 8~10 腹节迅速变窄。

生　　境　常栖息于常绿阔叶林路边灌木的叶片上。

生活习性　善拟态和保护色，常伪装成树叶。

3 东方叶䗛 *Phyllium siccifolium*

英 文 名 Leaf Insects

别　　名 叶子虫

分类地位 䗛目（Phasmatodea）、叶䗛科（Phyllidae）

保护级别 国家二级

形态特征 体长约65mm，头椭圆形，眼半球形。头顶稍扁平，光滑或具颗粒。雄虫触角发达，侧扁，呈栉状或锯齿形，被长软毛，向后约达腹部中央；雌虫触角短棒状，较少超过头长。咀嚼式口器。前胸较短，近呈三角形，中胸长大于宽。前腿节外叶不宽于内叶。雄虫前翅革质，较窄短，约与胸等长；雌虫前翅革质，极发达，几乎覆盖整个腹部。后翅膜质，透明。雄虫后翅发达，臀域较大；雌虫后翅退化。第8腹节侧缘呈弧形，仅由第9和第10腹节构成三角形腹端。雄虫腹部宽披针形，第4腹节侧缘中央明显角状；下生殖板长短于宽，后缘宽圆。

识别要点 前腿节外叶不宽于内叶。第8腹节侧缘弧形，仅由第9和第10腹节构成三角形腹端。雌虫后翅退化。雄虫腹部宽披针形，第4腹节侧缘中央明显角状；下生殖板长短于宽，后缘宽圆。

生　　境 常栖息于常绿阔叶林路边灌木的叶片上。

生活习性 善拟态和保护色，常伪装成树叶。

4 同叶䗛 *Phyllium parum*

英 文 名 Leaf Insects

别　　名 叶子虫

分类地位 䗛目（Phasmatodea）、叶䗛科（Phyllidae）

保护级别 国家二级

形态特征 雄虫体长近 62 mm。头亚卵形，后端稍膨大，头顶略扁平，光滑。眼半球状，外突；单眼 3 个，位于复眼间稍后处。雄虫触角 26 节，被细毛，超过第 5 腹节中部，第 1 节粗宽，第 2 节柱形，端节钝锥形。前胸背板舌状，中央具“十”字形沟纹；中胸背板窄长，侧缘具宽脊，中域具粗钝瘤突和横皱，侧板边缘具钝刺突。腹部宽，椭圆形，基部至第 4 腹节中部逐渐加宽，第 5 腹节后端最宽，第 8 腹节明显变窄，与第 9、第 10 腹节构成三角形。下生殖板亚三角形，窄长，约达臀节中央；尾须叶状，超过腹端。前翅革质，仅后部半透明，达第 3 腹节中部；后翅发达，臀域大，达腹端。前股节外叶宽于内叶，呈亚三角形，端缘具 3~4 枚小齿，内叶前缘具 5 个粗大齿突；前胫节内叶扩展，呈亚三角形；中股节外缘具 1 枚齿，内叶具 6~7 枚刺齿；中、后胫节稍内弯；后股节内叶宽，弧形，端缘具 8~9 个齿突。整体扁宽叶状，浅绿色。

识别要点 雄虫触角 26 节；腹部宽，椭圆形，基部至第 4 腹节中部逐渐加宽，第 5 腹节后端最宽；下生殖板较窄长，末端稍尖。

生　　境 常栖息于常绿阔叶林路边灌木的叶片上。

生活习性 树栖型。植食性。善于伪装成树叶，可将身体的纹脉伪装成叶子的叶脉，6 条腿和身体边缘似枯叶。整个身体能随风摇曳。

5 阳彩臂金龟 *Cheirotonus jansoni*

英 文 名 Long-armed Scarab

别　　名 阳长臂金龟

分类地位 鞘翅目（Coleoptera）、臂金龟科（Euchiridae）

保护级别 国家二级

形态特征 大型甲虫，雄虫体长 46~60 mm，体宽 24~32 mm。头面、前胸背板、小盾片呈光亮的金绿色；前胸背板隆拱，具明显中纵沟，侧缘锯齿形，基部内凹；腹下密被黄褐色绒毛，前胸下面两侧绒毛最密集。雄虫前足特长，超过体躯长度；前腿节前缘中段具1个乳突状齿突；前胫节微弯曲；跗节长形。雌虫足短，前胫节扁宽。足、鞘翅大部分为黑色，有时具暗铜绿色光泽；鞘翅肩凸内侧、缘折内侧及缝肋内侧具浅褐色条斑或斑点；臀板、中胸、后胸腹面与腹部腹面及中后足股节均为金绿色。整体呈长椭圆形，背面明显弧拱。初孵幼虫头淡黄色，胸、腹部白色，常弯成“C”形。

识别要点 前胸背板具金绿色光泽。雄虫前足特长，超过体躯长度。

生　　境 常栖息于海拔 950 m 左右的热带常绿阔叶林地带。

生活习性 成虫活动于林区栎树林中，具趋光性。常产卵于腐朽木屑土中，卵乳白色，圆形。成虫多见于 6~9 月。

6 悍马巨蜣螂 *Heliocopris bucephalus*

英 文 名 Dung Beetle

别　　名 牛头巨蜣螂

分类地位 鞘翅目（Coleoptera）、金龟科（Scarabaeidae）

保护级别 国家二级

形态特征 体长 39 ~ 55 mm。雄虫头部近圆形，头上具 1 个短柱状角突。前胸背板隆拱，中部具 1 对前伸的牛角状角突，该对角突间雄虫具 1 对高锐前伸的横脊，而雌虫具 1 道弧形横脊。足粗壮，前足外缘具 3 枚齿，前跗节细弱；后足跗节端部喇叭形。前胸及腹下密被棕黄色毛。前翅坚硬，后膜具覆盖鞘。鞘翅侧缘具 2 道纵脊，几乎纵贯全长。鞘翅光滑，具光泽，带有细纹痕。臀板分上臀板和下臀板两部分，由臀中横脊分隔，上臀板被鞘翅盖住，下臀板外露。雌性无角，头面具端面凹截的横梯形脊突。通体棕黑色。

识别要点 前胸背板中部具 1 对前伸的牛角状角突，角突间雄虫具 1 对高锐前伸的横脊，而雌虫具 1 道弧形横脊。前翅坚硬，后膜具覆盖鞘。

生　　境 常栖息于山区、丘陵、热带或亚热带常绿阔叶林边缘排水良好的沙质黏土地带。

生活习性 能利用月光偏振现象进行定位，并以银河导航，帮助取食。成虫常见于 5~10 月。具一定的趋光性。主要以动物的粪便为食，喜欢把动物的粪便滚成球。

7 金斑喙凤蝶 *Teinopalpus aureus*

英 文 名 Golden Kaiserihind

别　　名 无

分类地位 鳞翅目（Lepidoptera）、凤蝶科（Papilionidae）、海南特有亚种

保护级别 国家一级

形态特征 大型凤蝶，体长约 30 mm，翅展 81～93 mm。雄性体、翅呈翠绿色，满布翠绿色鳞片。前翅具 1 条内侧黑色而外侧黄绿色的斜横带，从前缘基部的 1/3 处斜向后缘中部，此带内侧区域色浓，外侧区域色淡；端半部的中域具 2 条模糊的黑带；外缘具 2 条平行的黑带。后翅外缘齿状，具翠绿色月牙形斑纹，在月牙形斑纹内侧具少许金黄色斑纹；中域具金黄色大斑；中心具 1 个黑斑（中室端）。翅反面绿色，鳞片少，前翅黄白色，鳞片形成 3 条前宽后窄的斑带，后翅与正面相似。雌性前翅翠绿色较少，与雄性反面相似；后翅中域大斑呈灰白色或白色，外缘月牙形斑呈黄色和白色，外缘齿突延长。雄性外生殖器的上钩突较宽，宽与长几乎相等；尾突消失；抱器瓣端部圆；抱器内突乳头形；抱器腹侧具 1 个叶状突；囊形突长，与抱器瓣等长或稍短，等宽；阳茎长而弯曲，骨化程度高，端部略扩大，两侧具强刺突。

识别要点 前翅具 1 条内侧黑色而外侧黄绿色的斜横带。后翅外缘齿状，具翠绿色月牙形斑纹，中域具金黄色大斑。

生　　境 常栖息于海拔 1 000 m 左右的热带、亚热带常绿阔叶林。

生活习性 4～10 月，月降水量＞ 50 mm 时生长、发育与繁殖。雌性多在正午产卵。采用雄性等候的方式交配，其过程为雄性停息在山顶高枝位叶片上或山顶周缘的叶片上，等候并拦截飞经的雌性。多在灌木丛或竹丛的隐蔽枝条上化蛹。

8 裳凤蝶 *Troides helena*

英 文 名 Papilionoid

别 名 翼凤蝶、黄翼凤蝶

分类地位 鳞翅目（Lepidoptera）、凤蝶科（Papilionidae）

保护级别 国家二级

形态特征 大型凤蝶，雌性体长45~50 mm，翅展120~140 mm，雄性体长40~47 mm，翅展105~130 mm。颈部红色；胸部黑色，具黑色绒毛，侧面红色；腹部背面黑褐色，节间淡黄色，腹面黄色。前翅天鹅绒黑色，脉纹两侧灰褐色或灰白色；后翅雌、雄不同，雄性后翅前缘第一个翅室的黄色部分其前半部为黑色，雌性后翅近内缘的黄色斑延伸达翅的基部。雄性翅外缘区及内缘区呈黑色，脉纹黑色清晰，其余大部分呈金黄色，且金黄色外缘呈齿状。雌性翅外缘波状，波谷边缘淡黄白色；雌性亚缘区具1列近似椭圆形的黑斑，斑与斑间微相连接；脉纹比雄性粗，其余与雄性相似。翅反面与正面相似。雄性外生殖器上钩突基部宽端部窄，在近基部两侧具1对小突起；尾突片状、具毛；抱器瓣近似方形，抱器端具1个指突；内突熊掌状，端部周围具强齿突，基部勺状，中间具1个小三角突。阳茎短粗，端部具三角突。雌性外生殖器产卵瓣半圆形；交配孔扁椭圆形；前阴片半圆形，中央连合成脊片向交配孔延伸。后阴片中间舌状游离，两侧片状游离。囊导管宽大，交配囊上小下大，密布指纹状褶皱。

识别要点 雄性后翅前缘第一个翅室的黄色部分其前半部为黑色，雌性后翅近内缘黄色斑延伸达翅的基部。

生 境 常栖息于海拔1 000 m以下的丛林、平地及丘陵地。

生活习性 成虫喜欢缓慢地滑翔飞行；平时活动较少，中午前后特别是晴天活动频繁。常在花上吸蜜。幼虫寄主为多种马兜铃属植物，常取食马兜铃属植物的叶。每次产卵36~44粒。

第二部分

脊索动物门

CHORDATA

三、两栖纲 AMPHIBLA

11 鳞皮小蟾 *Parapelophryne scalpta*

英文名 Hainan Little Toad

别　名 鳞皮厚蹼蟾

分类地位 无尾目（Anura）、蟾蜍科（Bufonidae）、海南特有种

保护级别 国家二级

形态特征 体型小，体长 19~27 mm。体形平扁细长；头长几乎等于头宽；吻棱极明显；鼻孔近吻端；鼻间距与上眼睑等大，小于眼间距；鼓膜明显；单咽下内声囊；手与前臂等长，前臂及手长不及体长一半；指关节下瘤明显；内、外掌突扁平。雄性第 1 指上具乳白色婚垫。后肢胫跗关节前伸达眼。指（趾）末端圆，膨大，腹面吸盘状；第 1、第 2 指间蹼发达，其余各指间仅基部具蹼；第 1、第 2 趾内侧几乎全蹼，其余趾间仅基部具蹼。背、腹及体侧满布小疣粒，眼后至胯部沿背侧排列成行；四肢背面具白色刺疣。咽喉部后方到胸部疣粒密集似鳞状；肛孔上方覆盖一小片浅色三角形皮褶。背面多为棕褐色，疣粒上略带红色；两眼间具倒三角形斑，其后具 2 个前后排列的深棕色“Λ”形宽斑，四肢各部具 1 条横纹，正背具 1 条浅色细纹。腹面土黄色，咽喉及胸部略带灰蓝色。

识别要点 第 1、第 2 指短，其间蹼发达；体背面前后具 2 个深棕色“Λ”形宽斑，眼间具倒三角形斑。

生　境 常栖息于海拔 350~1 400 m 的常绿阔叶林区小山溪附近潮湿的落叶间或石块上。

生活习性 4~6 月产卵。白天和晚上均能发出略带颤抖的鸣声。

12 乐东蟾蜍 *Qiongbufo ledongensis*

英 文 名 Hainan Pseudomoustache Toad

别　　名 头盔蟾蜍

分类地位 无尾目（Anura）、蟾蜍科（Bufonidae）

保护级别 国家二级

形态特征 体长 47~64 mm。头宽明显大于头长；吻端平切；吻棱明显；鼻孔近吻端；鼓膜明显，呈长椭圆形；上颌无齿；无犁骨齿；眼与耳后腺间具骨质隆起，两眼间骨质棱不明显；具单咽下内声囊；前臂及手长大于头体长的一半；雄性第 1、第 2 指上具密集的黑色小婚刺。后肢较短；前伸贴体时胫跗关节前达肩部；趾侧缘膜窄；趾间基部蹼迹明显。头顶皮肤光滑，紧贴头骨；背部散有疣粒及小刺疣，口角向后至体侧和四肢背面具明显的白色锥状刺疣；整个腹面均密布白刺疣。头部背面深棕色，耳后腺棕黄色；上唇缘具深色斑；两眼间具褐色三角形斑；体背及四肢背面浅棕色，具深棕色花斑，背部前后具 2 个较明显的“八”字形深棕色斑纹，后者较大；体侧具深酱色宽纵纹；四肢背面具棕色横纹；整个腹面蓝灰色，具灰褐色斑，咽喉及胸腹中部色深。

识别要点 眼与耳后腺间具骨质隆起，两眼间骨质棱不明显；口角向后至体侧和四肢背面具明显的白色锥状刺疣。

生　　境 常栖息于海拔 350~900 m 的常绿阔叶林区靠近溪流、较为潮湿的环境中。

生活习性 幼体白天在林间小路上活动，静水繁殖。

四、爬行纲 REPTILIA

13 凹甲陆龟 *Manouria impressa*

英 文 名 Impressed Tortoise

别 名 麒麟陆龟

分类地位 龟鳖目（Testudines）、陆龟科（Testudinidae）

保护级别 国家一级

形态特征 中等体型，背甲长 21~24 cm，背甲宽 15~18 cm。头大小适中，前额鳞 2 对；额鳞颇大；头后及颈部被以镶嵌排列的小鳞。吻尖，超出下颚；上颚缘平直，无细锯齿。背甲高隆，前后缘呈锯齿状，并向上翻翘；椎盾及肋盾中央凹陷；颈盾大，呈三角形；椎盾 5 枚，第 1 枚几乎呈正方形，第 2~4 枚宽大于长；肋盾较宽，与相邻椎盾等宽或略宽；臀盾 2 枚，下包至体缘再往上翻翘。腹甲大，腋盾甚小，胯盾大。四肢粗壮，呈柱状，覆有多列角质大鳞，指 5 爪，趾 4 爪。尾短，末端具角质尖突。颈板 1 枚，甚大；椎板 8 枚，呈四边形、六边形或八边形参差排列；肋板 8 对，宽窄错落排列，肋骨头端纤细；臀板分上下两半。背甲黄褐色，椎盾及肋盾边缘黑褐色；腹甲黄褐色。头、四肢、尾均为黑褐色。

识别要点 背甲前后缘呈锯齿状，并向上翻翘；椎盾及肋盾中央凹陷；颈盾大，呈三角形。

生 境 常栖息于热带、亚热带高山溪流的岸边。

生活习性 领域性强。晨昏活动。性情怯弱。主要以竹笋、嫩草、果子为食。卵生。6 月、10~11 月具发情行为，窝卵数可达 6 枚。

14 大壁虎 *Gekko gecko*

英文名 Tokay Gecko

别　名 蛤蚧

分类地位 有鳞目（Squamata）、壁虎科（Gekkonidae）

保护级别 国家二级

形态特征 体型较大，全长约 30 cm。头大，略呈三角形，躯干背腹扁平，通身被覆细小粒鳞，背部粒鳞间散布的疣鳞有 12~14 纵列；腹面鳞片较大，略呈六角形。四肢长短适中，指（趾）扁平；除第 1 指（趾）外，均具小爪，指（趾）间微蹼。指（趾）下瓣扩大，双行。雄性具肛前孔 20 余个。吻鳞不接鼻孔。吻长大于眼径的 2 倍，吻鳞略呈五角形，不接鼻孔，体背面被多角形小鳞。尾稍纵扁，基部每侧具 1 个或 2~3 个肛疣，尾腹面被较大的方形鳞，中央无横向扩大的鳞板。尾背横斑 6~8 条。尾长与头体长相等或略长。背面砖灰色，密布橘黄色及蓝灰色斑点，尾部有深浅相间的环纹；腹面色灰白而有粉红色斑。幼体尾部黑白环相交替，黑色环宽。体腹面为肉色。

识别要点 头略呈三角形，背腹面略扁；皮肤粗糙，全身密生粒状细鳞；背部粒鳞间散布的疣鳞有 12~14 纵列。指（趾）间微蹼。吻鳞不接鼻孔。

生　境 常栖息于山岩或荒野的岩石缝隙、石洞或树洞内，有时也见于屋檐、墙壁附近。

生活习性 夜间活动。主要以蝼蛄、蚱蜢、飞蛾、黄粉虫和蚕蛾等昆虫为食。3~11 月活动频繁。尾易断。繁殖期 5~7 月，分批产卵，年产卵数约 4 枚。繁殖季节雌雄均具鸣叫行为。

15 霸王岭睑虎 *Goniurosaurus bawanglingensis*

英 文 名 Bawangling Leopard Gecko

别　　名 无

分类地位 有鳞目（Squamata）、睑虎科（Eublepharidae）、海南特有种

保护级别 国家二级

形态特征 全长 10~18 cm。头略呈三角形，头长大于头宽。吻端钝圆；耳孔大；颈部明显；四肢细长；尾较短，长度不及头体长。雄性具 37~40 个肛前孔及股孔。颈前部具 1 条金褐色镶黑边的弧形色带，色带两侧分别沿头侧向前延伸至下眼睑；前肢和后肢间具 3 条金褐色镶黑边的色带，第 1 条位于前肢后，第 2 条位于躯干中部，第 3 条位于后肢前方约 1 cm 处。吻鳞大，略呈五角形，宽大于高，上半部纵裂，不接鼻孔；上唇鳞 8~9 枚（偶 7 枚），第 1 上唇鳞与鼻孔不相接。颏鳞大，呈倒三角形或倒圆锥形；后颏鳞 2 枚；颔片 4 对，位于第 1~3 下唇鳞内侧，第 1 对最大；下唇鳞 7~9 枚。背被覆粒鳞，间杂大量疣鳞。头部腹面具粒鳞，由肩部起渐渐过渡为躯干腹面的覆瓦状鳞。四肢背面被粒鳞，间布疣鳞；腕部具一团扩大的覆瓦状排列的扁平大鳞；前肢腹面具粒鳞，后肢腹面具覆瓦状鳞。指（趾）细直不扩展，下具 1 列横鳞，爪基部腹面被 1 枚小鳞。尾基部具 1 条金褐色镶黑边的色带。尾前部分节，8~10 枚横排的粒鳞成一节，前 4 节每节背部具一横列锥状疣鳞，腹面具略扩大的覆瓦状圆鳞；尾部其余部分覆满粒鳞。尾环在腹面不相接。雌性吻长显著小于雄性。头背棕褐色，躯干及尾背暗紫褐色，杂以少数黑褐色大斑。

识别要点 颈前部具 1 条金褐色镶黑边的弧形色带，色带两侧分别沿头侧向前延伸至下眼睑；前肢和后肢之间具 3 条金褐色镶黑边的色带，第 1 条位于前肢后，第 2 条位于躯干正中部，第 3 条位于后肢前方约 1 cm 处。尾基部具 1 条金褐色镶黑边的色带。腕部具平滑扩大的覆瓦状鳞；尾环在腹面不相接。

生　　境 常栖息于海拔 180~900 m 的热带、亚热带次生林、人工林的花岗岩、沙石、石灰岩地带。

生活习性 夜行性。主要以白蚁、蟑螂等昆虫为食。窝卵数 1~3 枚，以 2 枚为主。

16 海南睑虎 *Goniurosaurus hainanensis*

英 文 名 Hainan Leopard Gecko

别　　名 海南守宫、眼皮守宫

分类地位 有鳞目（Squamata）、睑虎科（Eublepharidae）、海南特有种

保护级别 国家二级

形态特征 全长 10~16 cm。头颈较长，尾粗短。颈前部具 1 条淡黄色色带，略呈弧形，色带两侧分别沿头侧向前延伸至下眼睑；前肢和后肢间具 2 条淡黄色色带，第 1 条位于前肢后部，第 2 条位于躯干中部略靠后。吻鳞大，略呈五角形，宽大于高，上半部纵裂，不接鼻孔；上鼻鳞 1 对，较大；上唇鳞 8~10 枚，第 1 上唇鳞不与鼻孔相接。颏鳞大，呈倒三角形；1 对大的颔片位于第 2 下唇鳞内侧；下唇鳞 7~10 枚。背面被覆粒鳞，除头顶部杂以较小疣鳞外，其余均规则散布圆形或锥形的大疣鳞。头部腹面具粒鳞，由喉部起渐渐过渡为躯干腹面的覆瓦状鳞。四肢背部被粒鳞，并间布疣鳞；前肢腹面为粒鳞，后肢腹面为覆瓦状鳞，腕部不具平滑扩大的覆瓦状鳞。尾基部具 1 条淡黄色色带。尾基部略显分节，8~10 枚横排的粒鳞成一节，每节背部具一横列锥状疣鳞，腹面为覆瓦状鳞；尾部其余部分满覆粒鳞。尾环在腹面相接。头背棕褐色，躯干及尾背暗紫褐色，均杂以少数较大黑褐色斑。

识别要点 头背棕褐色，躯干及尾背均为暗紫褐色；颈前部具 1 条淡黄色色带，略呈弧形，色带两侧分别沿头侧向前延伸至下眼睑；前肢和后肢间具 2 条淡黄色色带，第 1 条位于前肢后，第 2 条位于躯干中部略靠后。尾基部具 1 条淡黄色色带。腕部不具平滑扩大的覆瓦状鳞；尾环在腹面相接。

生　　境 常栖息于海拔 80~750 m 的热带雨林或季雨林的潮湿地面，也见于山洞、喀斯特地貌的岩隙中。

生活习性 夜行性。日活动节律常呈双峰型；日活动节律受温度影响，当环境气温和地表温度低于 20℃，洞外活动个体数量明显变少，甚至停止活动。主要以蚂蚁、蚊子、飞蛾等动物为食。繁殖期 3~10 月，繁殖高峰期 7~8 月，大部分窝卵数 2 枚，少数 1 枚或 3 枚，具年产多窝卵的特点。卵长径、卵短径和窝卵重与卵均重呈显著相关。卵孵化温度为 22~26 ℃，孵化湿度为 80%~95%，孵化周期为 65~70 d，出壳过程持续约 2 h。

17 周氏睑虎 *Goniurosaurus zhoui*

英文名 Zhou’s Leopard Gecko

别　名 无

分类地位 有鳞目（Squamata）、睑虎科（Eublepharidae）、海南特有种

保护级别 国家二级

形态特征 全长15~20 cm。头呈三角形。头部、躯干、四肢背部均为淡紫褐色，散布不规则形状的深褐色斑点。眉骨外凸。四肢相对短而强壮，后肢明显比前肢强壮；腋窝颜色较深。颈前部具1条浅灰色弧形色带，色带两侧分别沿头侧向前延伸至下眼睑；前肢和后肢间具3条浅灰色色带，第1条位于前肢后部，第2条位于躯干中部，第3条位于后肢前部。深褐色斑点和背部深色色带边缘模糊；上下唇鳞纯白色无斑点；头部、身体和四肢的腹面鳞片白色。背侧被均匀鳞片，在颞和枕部区域散布一些小的突起；唇鳞宽大于高；鼻间鳞周围具3个颗粒状鳞片；下颏鳞呈三角形，边缘侧面与第1下唇鳞相邻。体背及脖颈背侧被均匀鳞片，其间散布一些锥形突起。尾基部具1条浅灰色色带。原生尾细长，在基部最粗，具6~7条白色尾环。

识别要点 头、躯干、四肢的背侧呈淡紫褐色。眉骨外凸。颈前部具1条浅灰色弧形色带，色带两侧分别沿头侧向前延伸至下眼睑；前肢和后肢间具3条浅灰色色带，第1条位于前肢后部，第2条位于躯干中部，第3条位于后肢前部。尾基部具1条浅灰色色带。

生　境 常栖息于海拔300 m左右的热带、亚热带常绿阔叶林中岩壁附近。

生活习性 夜行性。主要以白蚁、蚊子、蟑螂等动物为食。繁殖期3~10月，窝卵数1~2枚，具年产多窝卵的特点。

18 中华睑虎 *Goniurosaurus sinensis*

英 文 名 Zhonghua Leopard Gecko

别 名 光华睑虎（同物异名）

分类地位 有鳞目（Squamata）、睑虎科（Eublepharidae）、海南特有种

保护级别 国家二级

形态特征 体长 9~11 cm。头略呈三角形，头长大于头宽。吻端钝圆；耳孔大；颈部明显；环鼻孔具 8 枚鳞片；鼻间鳞 1 枚；上睫鳞 50~57 枚；环体中段鳞 115~123 枚；环背部疣鳞具 11~12 枚小鳞；雄性具肛前孔 23~27 个。成体背部棕褐色，具斑驳的不规则黑褐色斑点。颈前部具 1 条浅灰色色带，略呈弧形，色带两侧分别沿头侧向前延伸至下眼睑；四肢细长；前肢和后肢间具 2 条浅灰色色带，第 1 条位于前肢后部，第 2 条位于躯干中部略靠后；尾基部具 1 条浅灰色色带；色带的前后边缘都镶宽的深色带，色带边缘模糊。自股部至膝部具金色斑。液浸标本颜色：头部、身体和四肢的背部为棕褐色，杂以斑驳的不规则深褐色斑点；虹膜红褐色；吻鳞紫褐色；上下唇鳞纯白色无斑；头、躯干和四肢腹面鳞片白色；具 6 条白色尾环，其前后缘均镶黑色边，白色尾环仅延伸至腹侧，左右不相连；尾端白色。

识别要点 自股部至膝部具金色斑。

生 境 常见于热带常绿阔叶林中湿润的石灰岩地区。

生活习性 夜间活动。野外 3~4 月可见怀卵个体。

19 蜡皮蜥 *Leiolepis reevesii*

英 文 名 Reeves' Butterfly Lizard

别　　名 山马、坡马

分类地位 有鳞目（Squamata）、鬣蜥科（Agamidae）

保护级别 国家二级

形态特征 体长9~11 cm，尾长约为体长的2倍。头高而短小，雄性头部大于雌性；体扁无鬣鳞。吻高且斜向吻端；鼻孔大，鼻孔与上唇鳞间具4~5排小鳞；耳孔椭圆形，几与眼径等长；吻、头顶部的鳞较大，具棱；背部鳞小呈颗粒状，微具棱；四肢前外侧和胸腹部的鳞大而光滑；咽喉部具1排与下唇鳞平行排列的大鳞，且有2排横沟褶，褶缘的鳞甚小。后肢强壮且长，向前可达颈部，爪发达，第3趾基部内侧具3~5枚三角状的大鳞。每侧具股窝13~18枚。颈部皮肤松。尾粗而宽扁，逐渐成柱状，末端成鞭状；尾腹面的鳞大且具棱。背面一般为灰棕色或深棕色，满布橘黄色或橘红色圆眼斑，体侧为两色相间的横纹，四肢及尾正中部的斑点小，腹面一般为乳黄色，无斑或具麻斑。

识别要点 头高而短小，体扁无鬣鳞，尾粗壮。吻高而斜向吻端，鼻孔大；咽喉部具1排与下唇鳞平行排列的大鳞，且具2排横沟褶，褶缘的鳞甚小。尾粗而宽扁；尾腹面的鳞大且具棱。后肢强壮且长，向前可达颈部，爪发达。

生　　境 常栖息于沿海裸沙地、荒坡地、林苗地略有坡度的环境。

生活习性 穴居。具明显的领域性，繁殖季节雌性的领域性明显高于雄性。白天出洞活动觅食，杂食性。6~7月产卵，窝卵数通常2~8枚；窝卵数、窝卵重和卵重均与母体体长无关。

20 海南脆蛇蜥 *Ophisaurus hainanensis*

英文名 Hainan Glass Lizard

别名 蛇蜥、脆蛇蜥

分类地位 有鳞目（Squamata）、蛇蜥科（Anguidae）、海南特有种

保护级别 国家二级

形态特征 全长约 65 cm。身体呈圆柱形，耳孔极小，远小于鼻孔，呈针尖状。头体背正中 8 行鳞片具深褐色细点斑，尾两侧各具 1 条深色细线纹。吻鳞半圆形，前额鳞 3 枚，排成 2 列，前列单枚，后列 2 枚左右相接，并列在单枚前额鳞和额鳞之间；鼻鳞与单枚前额鳞间具 2 枚小鳞；顶间鳞宽于顶鳞；眶上鳞 5 枚。上唇鳞 11 枚；下睫鳞与上唇鳞间具 1 列眶下鳞；颏鳞小，呈三角形；下唇鳞与颏片间具 2 行小鳞。两侧沟间背鳞纵列 20 行，横列 94 行。背鳞仅在后部体长 2/3 处的中间 6 行鳞片带有弱棱，其余光滑无棱；腹鳞光滑，尾下鳞光滑。无四肢或仅具退化的后肢。肛孔横裂。

识别要点 体形似蛇，身体呈圆柱形，无四肢或仅具退化的后肢。

生境 常栖息于海拔 950 m 左右的热带或亚热带山区的湿润地带。

生活习性 营地下生活。

21 圆鼻巨蜥 *Varanus salvator*

英 文 名 Asian Water Monitor

别　　名 巨蜥

分类地位 有鳞目（Squamata）、巨蜥科（Varanidae）

保护级别 国家一级

形态特征 大型蜥蜴，全长 1~2 m，体重达 30 kg。体壮，略扁平。头窄长，略呈三角形；头与颈间具明显的弧形缢痕。耳孔椭圆形，竖立，鼓膜可见。吻较长，吻端圆，吻鳞较小。瞳孔圆形；眶上脊发达，向后延至眼后角后方，前伸达眼与鼻孔之间。鼻孔大，呈圆形或椭圆形，周围具 10 枚小鳞。眼下与上唇鳞间具 3 排小鳞。头背鳞片较大，呈六边形，扁平无棱。眶上鳞片较宽，呈弧形排列，其内具一团小鳞，外周具一圈较小鳞片。枕部鳞片稍小。颞区鳞片较小，平滑无棱。全身被粒鳞。躯干和四肢背面鳞片起棱，略呈菱形。躯干腹面鳞片较背面鳞片大而平滑；颈腹面与胸部鳞片呈椭圆形；胸部向前的鳞片渐小；胸部往后至胯前的鳞片呈长方形，排成横行，可达 70 行。尾侧扁，尾基较粗，往后渐细，尾背由并列的 2 行鳞片形成棱脊；尾末端圆钝，坚硬而上翘。腋胯间具黄色圆斑构成的环纹，每环纹间散有小黄点。头、躯干背面黑褐色，散布黄色小点或黄色纹；腹面一般黄色。四肢粗壮，爪长而坚硬。四肢色斑与躯干相似。

识别要点 大型蜥蜴。头窄长，略呈三角形；鼻孔大，呈圆形或椭圆形；四肢粗壮，爪长而坚硬。

生　　境 常栖息于海拔 200 m 左右山区的溪流及水塘附近，以及沿海的河口、水库等附近。

生活习性 以陆地生活为主。主要以蛙、鱼及小型兽类为食，也捕食鸟、鸟卵及动物尸体。卵生，夏季产卵于岸边土内或树洞内，窝卵数 10~30 枚。

22 红尾筒蛇 *Cylindrophis ruffus*

英 文 名 Red-tailed Pipe Snake

别　　名 两头蛇

分类地位 有鳞目（Squamata）、筒蛇科（Cyliadrophiidae）

保护级别 国家二级

形态特征 全长约 43 cm。头小吻扁，吻端宽圆，头颈无明显区分；鼻孔大而圆，近吻端。眼小，瞳孔略呈直立椭圆形。躯体略扁，腹鳞略大于临近背鳞。尾极短而扁，末端尖硬，竖立可见肉红色尾腹面。头背、吻端及唇缘鳞具疣粒，吻端疣粒密集。体侧具 40 对白色横斑，此横斑在背脊两侧略呈交错排列，在腹面相遇或交错止于腹中线。吻鳞高约等于宽；无鼻间鳞、颊鳞及眶前鳞；左右鼻鳞在吻背处相切；前额鳞甚大，入眶；眶上鳞大；顶鳞小；眶后鳞 1 枚；颞鳞 1+2 枚；上唇鳞 5 枚，2-2-1 式；下唇鳞 6 枚，前 3 枚切前颔片；颏鳞小；颔片 2 对。背鳞平滑，21-21-19 行；腹鳞 195 枚，仅略大于背鳞；肛鳞二分；尾下鳞单行，7 枚。液浸标本通身棕褐色。

识别要点 头小，背腹扁平；体侧具 40 对白色横斑，此横斑在背脊两侧略呈交错排列，在腹面相遇或交错止于腹中线；尾肉红色。

生　　境 常栖息于枯枝落叶下或花园、农耕地疏松土壤中。

生活习性 穴居。受干扰时，体躯扁平，将后段向上卷曲。主要以甲虫、蛙类、小型洞栖蛇等动物为食。卵胎生。

23 蟒蛇 *Python bivittatus*

英文名 Burmese Python

别　名 蟒、蚺蛇

分类地位 有鳞目（Squamata）、蟒科（Pythonidae）

保护级别 国家二级

形态特征 大体型无毒蛇，全长 3~5 m。头小，吻端较平扁，吻鳞宽大于高。头颈部背面具 1 个暗棕色矛形斑，头侧具 1 条始于鼻孔，经眼前鳞、眼斜向口角的黑色纵斑。眼下具 1 条黑纹向后斜向唇缘，下唇鳞略具黑褐色斑。鼻孔位于鼻鳞两侧，鼻间鳞长度不到宽度的 1.5 倍，其后具 1 对较大前额鳞；额鳞成对；眼中等大小，瞳孔直立，呈椭圆形；头顶、颞部均具较小鳞片；第 1、第 2 上唇鳞具唇窝；体鳞光滑无棱；肛鳞完整；泄殖肛孔两侧具爪状后肢残迹。头部腹面黄白色，体背棕褐色、灰褐色或黄色，体背及两侧均具大块镶黑边的云豹状斑纹，体腹黄白色。

识别要点 头小，吻端较平扁；头颈部背面具 1 个暗棕色矛形斑，头侧具 1 条黑色纵斑；体背及两侧具镶黑边的云豹状斑纹。

生　境 常栖息于热带、亚热带常绿阔叶林或常绿阔叶藤本灌木丛或洞穴内。

生活习性 喜攀缘树上或浸泡水中。全天均具捕食行为，多夜晚捕食。主要以两栖爬行动物、鸟类、小型兽类为食。卵生，交配期一般在 3~8 月，雌性具护卵行为。

24 尖喙蛇 *Rhynchophis boulengeri*

英 文 名　Green Sharp－snouted Snake

别　　名　锥吻蛇

分类地位　有鳞目（Squamata）、游蛇科（Colubridae）

保护级别　国家二级

形态特征　中等体型无毒蛇，全长约 1 m。吻端尖出，被小鳞，翘向前上方，头颈区分明显；躯体具侧棱。通体背面深绿色，上唇鳞下缘白色，背鳞具黑色或白色边缘或散布白斑；躯干两侧蓝色或黑色。腹面浅绿色，侧棱白色，呈白色纵纹，延伸至尾末。颊鳞 1~2 枚；眶前鳞 1 枚，眶后鳞 2 枚；颞鳞 2+3 枚或 2+2 枚；上唇鳞 9 枚；下唇鳞 10 枚（个别一侧为 11 枚），前 5 枚（个别一侧为 4 枚）接前颔片；颔片 2 对；背鳞 19－19－15 行，中段 3～17 行微棱；腹鳞 220～227 枚，具侧棱；肛鳞二分；尾下鳞 117～132 对。

识别要点　通体背面深绿色，腹面浅绿色；吻端尖出，翘向前上方。

生　　境　常栖息于山区茂密树林中。

生活习性　树栖，具缠绕性。主要以小型蜘蛛和鸟为食。繁殖期 3~6 月。

25 眼镜王蛇 *Ophiophagus hannah*

英 文 名 King Cobra

别　　名 过山峰

分类地位 有鳞目（Squamata）、眼镜蛇科（Elapidae）

保护级别 国家二级

形态特征 大体型毒蛇，全长可达 4 m。头椭圆形，与颈区分明显；颈部平扁略扩大。头背浅棕褐色，鳞沟黑色；上唇较头背色浅淡，鳞沟色较浅淡；头腹白色无斑；颈背具“∧”形的黄白色斑纹；躯尾背面棕褐色，部分鳞片黑色或黑褐色，构成若干横斑，尾背具明显的黑色横斑，躯干腹面前段白色无斑，往后具三两黑褐色腹鳞，形成横斑，躯干后段腹面均为黑色，尾腹除环绕一周的黑色环纹外，其余尾下鳞边缘均为黑色。头背除对称排列的 9 枚大鳞片外，在顶鳞后具 1 对较头背其余鳞片大的枕鳞。

识别要点 颈部平扁略扩大，头背顶鳞正后具 1 对较大枕鳞。

生　　境 常栖息于海拔 1 800 m 以下山区的林区边缘近水处，也见于林区村落附近，或隐匿于石缝及洞穴中。

生活习性 喜欢独居，行动敏捷，头部可灵活转动，可攀爬上树。白天活动，捕食蛇类为主，也可捕食鸟类与鼠类。当食物不充足时，也会捕食同类。受到惊扰时身体的前 1/3 部会立起，并张开嘴，露出毒牙。卵生，一般 6 月产卵，窝卵数 20 余枚，用落叶和枯枝筑巢穴，具护卵行为。

五、鸟纲 AVES

26 海南山鹧鸪 *Arborophila ardens*

英文名 Hainan Hill Partridge

别 名 山赤姑

分类地位 鸡形目（Galliformes）、雉科（Phasianidae）、海南特有种

保护级别 国家一级

形态特征 中小体型鸟类，体长 23~30 cm，体重 200~250 g。雄鸟眉纹和耳覆羽白色；头侧黑色。上体橄榄褐色，具黑色横斑；前颈和上胸具橙红色硬羽毛；下颈两侧和围绕后颈的领圈为淡橙红色，且缀黑色斑点；翅覆羽和内侧飞羽具黑色斑点和栗色尖端。颏、喉均为黑色；下胸和身体两侧灰色，边缘具白色纵纹；其余下体黄白色。雌鸟体型较小，体色较暗，头顶至枕多栗色，上胸淡橙色，腹白色而稍杂淡红色。嘴黑色，脚赭色。

识别要点 额至头侧、颏、喉均为黑色，耳羽白色。上胸橙红色，腹白色。上体略灰。腹部黄色，胸部略杂以灰色，两胁具白色纵纹。

生 境 常栖息于海拔 700~1 200 m 山地和丘陵地带的常绿林。

生活习性 常成对或 4~5 只小群活动。夜间栖息于树上。性机警，受惊后迅速奔逃，并伴随急促叫声。主要以灌木和草本植物的叶、芽和种子为食，也捕食昆虫和蜗牛等动物性食物。繁殖期 4~6 月，窝卵数 2 枚。

27 红原鸡 *Gallus gallus*

英 文 名 Red Junglefowl

别　　名 原鸡

分类地位 鸡形目（Galliformes）、雉科（Phasianidae）

保护级别 国家二级

形态特征 大体型鸡类，体长 53~71 cm，体重 550~1 050 g。雄鸟头顶红色，耳羽簇浅栗色；后颈和上背羽金红色，呈长矛状。脸、颏、喉及前颈裸出部分均为红色。背和两翅矛状羽下覆羽绿黑色。上背栗色；下背浓紫栗色，具金属光泽。矛状腰羽和短的尾上覆羽为金红色或深橙红色；中央 1 对尾羽特长，黑色，呈镰刀状；其余尾羽和飞羽黑褐色；脚具长距。雌鸟额浓栗色，沿眼上方向后延伸至耳部，再向下延伸至胸，呈项领状。头顶棕黄色，具黑色斑点；头上具较小的红色肉冠。耳羽簇栗色。后颈羽毛较长，呈长矛状。枕和颈部具黑色细纹。其余上体和两翅覆羽大都浅锈褐色。飞羽黑褐色。尾羽黑褐色，中央 1 对尾羽羽缘具暗栗色细斑。颏、喉白色杂棕色；喉下无肉垂；胸红棕色，腹和两胁较浅；下腹中央灰白色，尾下覆羽黑褐色。脚和趾铅褐色或蓝灰色。海南亚种，雄鸟颈部矛翎长度小于 10 cm，暗红色；雌鸟后颈羽缘近棕色。

识别要点 雄鸟肉冠、肉垂及脸部均为红色；上背栗色；长尾羽及翼上覆羽绿黑色。雌鸟头顶具较小的红色肉冠，枕和颈部具黑色细纹。

生　　境 常栖息于海拔 2 000 m 以下的低山、丘陵和山脚平原地带的常绿阔叶林、混交林、次生林等生境，偶尔也见于村落附近。

生活习性 常成 3~5 只或 6~7 只小群活动，偶成 10~20 只的大群。性机警且胆小。早晨和傍晚活动频繁，晚上在树上栖息。主要以植物叶、花、幼芽、种子等为食，也捕食昆虫等动物。繁殖期 2~5 月，窝卵数通常 6~8 枚。

28 白鹇 *Lophura nycthemera*

英 文 名 Silver Pheasant

别　　名 银鸡、银雉、越鸟、越禽、白雉

分类地位 鸡形目（Galliformes）、雉科（Phasianidae）、海南特有亚种

保护级别 国家二级

形态特征 大体型鸟类，体长 65~114 cm，体重 1 150~2 000 g。雄鸟体大，头顶黑色，头上羽冠及下体为蓝黑色；脸裸露，赤红色。背及尾羽白色带黑斑和细纹；上体和两翅白色，自后颈起缀以近似"V"形的黑纹。下体黑色，尾长，中央尾羽纯白色。雌鸟羽冠褐色，尖端黑褐色；脸小部分裸出，红色；上体橄榄褐色至栗色；背羽干较淡，边缘较深，飞羽棕褐色；中央尾羽棕褐色，外侧尾羽黑褐色，布满白色波状斑。下体具褐色细纹杂白色或皮黄色，胸后微缀黑色虫蠹状斑，外侧尾羽黑色、白色或浅栗色。虹膜橙黄色或红褐色；嘴角绿色；腿红色。海南亚种背白，具黑纹；尾长超过 50 cm；背面黑纹前细后粗，各羽具 2 道黑纹。

识别要点 雄鸟体大，头顶黑色，长冠羽黑色，脸颊裸皮赤红色；背及尾羽白色带黑斑和细纹；下体黑色，尾长。雌鸟脸颊裸皮红色；上体橄榄褐色至栗色；下体具褐色细纹或杂白色或皮黄色，具褐色冠羽；外侧尾羽黑色、白色或浅栗色。腿红色。

生　　境 常栖息于海拔 2 000 m 以下的亚热带常绿阔叶林中。

生活习性 成对或成 3~6 只的小群活动。性机警。具一定的领域性。主要以植物幼芽、块根、果实和种子为食，也捕食蚂蚁、蜗牛、鳞翅目昆虫等动物。繁殖期 4~5 月，窝卵数通常 4~8 枚。

29 海南孔雀雉 *Polyplectron katsumatae*

英 文 名 Hainan Peacock Pheasant

别　　名 无

分类地位 鸡形目（Galliformes）、雉科（Phasianidae）、海南特有种

保护级别 国家一级

形态特征 中等体型鸟类，体长 40~65 cm，体重 450~710 g。雄鸟前额至头顶羽毛羽枝松散而直立，形成羽冠，脸颊具红色裸皮；喉部偏白色，胸部、腹部、背部、尾上覆羽均为深灰色，密被淡棕白色的细小斑点；两翼、尾羽深灰色，具金属绿色眼斑。雌鸟羽色较暗淡，羽冠不发达，尾羽较短，背和尾上眼状斑稀少或消失。虹膜雄性灰色，雌性灰褐色；喙铅灰色；跗跖灰褐色。

识别要点 雄鸟全身羽毛深灰色，具羽冠，背和尾具金属绿色眼斑。雌鸟个体较小，尾短，羽色较暗。

生　　境 常栖息于海拔 1 500 m 左右的山地雨林、常绿阔叶林、沟谷雨林等地带。

生活习性 常单独或成对活动。每天 9:00~11:00 和 16:00~17:30 为活动高峰期。性机警。主要以鸡毛松、陆均松、高山榕的落果等植物性食物为食，也捕食昆虫、蠕虫等。雄性在 1~6 月鸣叫频繁。1 月发情，2 月中旬开始产卵孵化，孵化期至 6 月底。

30 栗树鸭 *Dendrocygna javanica*

英 文 名 Lesser Whistling Duck

别　　名 树鸭

分类地位 雁形目（Anseriformes）、鸭科（Anatidae）

保护级别 国家二级

形态特征 中小体型鸭类，体长 36~42 cm，体重 400~600 g。额浅棕色；头顶、枕部深褐色，具黑褐色细纹，形成 1 条自枕部延伸至后颈的黑色带斑。背、肩黑褐色，具棕色或棕灰色羽缘；两颊、前颈均为灰皮黄色；腰黑色，有时具窄的棕灰色羽缘；尾黑色，尾上覆羽和中、小翅覆羽栗红色，大覆羽及飞羽黑褐色；尾下覆羽白色。颏、喉近白色；上胸黄棕色，下胸、腹及两胁浅栗色。虹膜棕褐色；眼圈狭窄、黄色；嘴鼻孔前为黑色，鼻孔后为石板青色；脚长，黑色。

识别要点 尾上覆羽、下胸和腹栗红色，眼具狭窄的黄色眼圈，脚较长，嘴、脚为黑色。

生　　境 常栖息于富有植物的池塘、湖泊、水库等水域，也见于林缘沼泽和溪流中。

生活习性 常成几只到数十只的群体活动，也成数百只的大群。性极为机警，常有几只不时引颈观望，受惊时率先起飞，其他个体跟着起飞。飞行力弱，善游泳和潜水。主要以稻谷、作物幼苗、青草和水生植物等植物性食物为食，也捕食昆虫、螺、蜗牛、蛙和小鱼等动物性食物。常在黄昏时觅食。繁殖期 5~7 月，窝卵数通常 8~14 枚。

31 鸳鸯 *Aix galericulata*

英 文 名 Mandarin Duck

别　　名 中国官鸭

分类地位 雁形目（Anseriformes）、鸭科（Anatidae）

保护级别 国家二级

形态特征 中等体型游禽，体长 40~45 cm，体重 430~590 g。雄鸟前额和头顶中央翠绿色，具金属光泽；脸颊皮黄色，眉纹白色。眼先淡黄色，颊部具棕栗色斑，眼上方和耳羽棕白色，颈侧具长矛状的辉栗色领羽；枕部红铜色，与后颈的暗紫绿色长羽形成羽冠。背、腰暗褐色，具铜绿色金属光泽；翅上覆羽与背同色；初级飞羽暗褐色；次级飞羽褐色，具白色羽端；三级飞羽黑褐色，最后 1 枚外翈金属绿色；尾羽暗褐色，带金属绿色。颏、喉栗色；上胸和胸侧深紫色，下胸至尾下覆羽乳白色，下胸两侧黑色，具 2 条白色斜带，两胁近腰处具黑白相间的横斑。雌鸟头和后颈灰褐色，无冠羽，眼周白色，具白色过眼纹。上体灰褐色，两翅和雄鸟相似，但无金属光泽。颏、喉白色；胸、胸侧和两胁暗棕褐色，杂有淡色斑点；腹和尾下覆羽白色。虹膜褐色；雄鸟嘴鲜红色，尖端白色；雌鸟嘴灰色，脚橙黄色。

识别要点 雄鸟前额和头顶中央翠绿色，枕部红铜色；脸颊皮黄色，眉纹白色；胸部深紫色；嘴鲜红色。雌鸟通体灰褐色，具明显的白色过眼纹；嘴灰色。

生　　境 繁殖期常栖息于山地、森林、河流、湖泊、水塘、芦苇沼泽和稻田中；冬季多栖息于开阔的湖泊、江河和沼泽地带。

生活习性 常成群活动。善游泳和潜水。性机警。杂食性，主要在白天觅食。

32 棉凫　*Nettapus coromandelianus*

英 文 名　Asian Pygmy Goose

别　　名　小白鸭子、八鸭

分类地位　雁形目（Anseriformes）、鸭科（Anatidae）

保护级别　国家二级

形态特征　小体型水鸭，体长 30~31 cm，体重 190~320 g。雄鸟前额白色，额及头顶黑褐色，头的余部和颈为白色，颈基部具 1 条黑色且闪金属绿色的宽颈环。肩、腰及翅上覆羽黑褐色，具绿色金属光泽；初级飞羽黑褐色，各羽中部白色，具大的白色翼斑；次级飞羽黑褐色，具绿色光泽和白色端斑；三级飞羽黑褐色，略具紫蓝色光泽；尾上覆羽及两胁白色。尾羽暗褐色，羽缘浅棕色，腋羽及翼下覆羽黑褐色；尾下覆羽白色，具褐色端斑；其余下体白色。雌鸟额和头顶暗褐色，额部杂有白色，眉纹白色，贯眼纹黑色，后颈浅褐色，两颊及前额污白色，具不明显的黑色细纹；背、肩及两翅覆羽和飞羽褐色，大覆羽和初级飞羽具窄狭的白色端斑，次级飞羽白端较宽；腰和尾暗褐色，尾上覆羽褐色而具棕白色细斑；喉白色，下颈两侧及胸污白色，具黑褐色细斑。腹及尾下覆羽白色，两胁白色而具褐色纹。虹膜雄鸟浅朱红色，雌鸟红棕色；嘴雄鸟黑棕色，雌鸟褐色；跗跖雄鸟黑色，蹼黄色，雌鸟跗跖两侧及后缘青黄色。

识别要点　雄鸟前额白色，额及头顶黑褐色，头的余部、颈和下体白色。上体黑褐色而具绿色金属光泽，颈基部具黑色而闪金属绿色的宽颈环。雌鸟额至头顶暗褐色，两颊及前额污白色，贯眼纹黑色。上体暗褐色，颈、胸污白色。腹以下白色。

生　　境　常栖息于江河、湖泊、水塘和沼泽地带，偏好富生长水生植物的开阔水域，有时也见于村庄附近的小水塘和水渠中。

生活习性　常成对或小群活动。性较温顺。善游泳和潜水。白天活动，夜晚多栖息于湖中或树枝上。主要以植物的嫩芽、嫩叶、根等为食，也捕食水生昆虫、蠕虫、蜗牛、小鱼等动物性食物。繁殖期 5~8 月，窝卵数通常 8~14 枚。

33 花脸鸭 *Sibirionetta formosa*

英 文 名 Baikal Teal

别　　名 巴鸭、黑眶鸭

分类地位 雁形目（Anseriformes）、鸭科（Anatidae）

保护级别 国家二级

形态特征 小体型鸭类，体长 37~44 cm，体重 360~520 g。雄鸟繁殖期头顶至后颈上部为黑褐色；自眼后具 1 条宽的翠绿色金属带斑，并延伸至后颈；绿带与头颈部黑褐色间具 1 条白色狭纹，其余脸部乳黄色；在绿色带斑与乳黄色斑间具黑色细线，并向颈侧下方延伸；黑色线与黄色脸斑间具白色细线；眼周黑色，具 1 条自眼周向下至喉部的黑纹。上背和两胁蓝灰色；下背至尾上覆羽暗褐色，具淡色羽缘；尾上覆羽尤淡，尾羽褐色；肩羽长而细；翅上覆羽暗褐色。颏、喉和前颈上部黑褐色，胸淡棕色，下胸两侧各具 1 条宽的白色横带；腹白色，尾下覆羽黑褐色，两侧前面各 1 条白色宽带；腋羽白色。非繁殖期羽毛似雌鸟。雌鸟头顶褐色较浓，近黑色；头侧和颈侧白色，杂以暗褐色细纹；眼先在嘴基处具 1 个棕白色或白色圆形斑点，眼后上方具棕白色眉纹。上体暗褐色，羽缘稍淡。颏棕白色，喉与前颈白色；胸与雄鸟相似，但斑点较少；腹白色，下腹中央微具淡褐色粗斑，两胁暗褐色，具浅棕色羽缘；尾下覆羽白色，具褐色羽干纹。虹膜棕色或棕褐色，嘴黑色，脚趾板蓝黑色。

识别要点 雄鸟繁殖期脸部为黄、绿、黑、白等色彩组成的花斑。胸侧和尾基两侧各具 1 条垂直白带；雌性具圆、色浅的眼先斑点。

生　　境 繁殖期常栖息于沼泽、湖泊和水塘；非繁殖期常栖息于淡水或咸水水域。

生活习性 白天常成小群或混群活动，夜晚成群觅食。主要以水生植物的芽、嫩叶、果实和种子为食，也捕食螺、水生昆虫等动物。

34 紫林鸽 *Columba punicea*

英 文 名 Pale-capped Pigeon

别　　名 无

分类地位 鸽形目（Columbiformes）、鸠鸽科（Columbidae）

保护级别 国家二级

形态特征 中等体型鸟类，体长约 35 cm，体重约 535 g。额、头顶至枕银灰色，眼先和眼下灰白色。后颈淡棕色，具紫红色金属光泽，上背和翕栗红色，具宽的金属绿色羽缘；背、肩、翅均为深栗褐色而具紫色金属光泽，内侧翅上覆羽和内侧飞羽外露部分呈深栗红色；腰和尾上覆羽浅葡萄褐色而具黑色横斑；尾、翅缘和初级覆羽黑褐色；飞羽黑褐色，内侧次级飞羽同背；颈侧和喉淡棕色，具光泽。下体葡萄栗色杂黄铜色，喉和胸具明显黄铜色光泽，往后至尾下覆羽变为带黑的浅葡萄栗色。虹膜黄色；嘴红色，尖端白色；脚红色。

识别要点 头顶至枕银灰色，背和两翅表面深栗褐色而具紫色金属光泽，腰和尾上覆羽浅葡萄褐色而具黑色横斑。下体葡萄栗色。

生　　境 常栖息于山地阔叶林和次生林及其林缘地带。

生活习性 常单独或成对活动，偶尔也成小群。性活泼，飞行快而有力。主要以浆果、无花果等植物果实和种子为食，也取食农作物种子。繁殖期 5~7 月，窝卵数 1 枚。

35 斑尾鹃鸠 *Macropygia unchall*

英 文 名 Barred Cuckoo Dove

别　　名 花斑咖追

分类地位 鸽形目（Columbiformes）、鸠鸽科（Columbidae）

保护级别 国家二级

形态特征 中等体型鸟类，体长 33~41 cm，体重 160~230 g。雄鸟前额、眼先、颊、颏和喉浅黄色，微沾紫色，头顶粉灰色；后颈和颈侧绿褐粉色，具金属光泽；其余上体包括翅上小覆羽、中覆羽及数枚内侧飞羽均为黑褐色，密被棕栗色细横斑；其余翅覆羽和飞羽暗褐色；中央尾羽与背同色，为黑褐色杂棕栗色横斑；外侧尾羽暗灰色，具黑色次端斑。上胸红铜色，具绿色光泽；下胸较浅淡；腹淡黄色；尾下覆羽暗棕色。雌鸟和雄鸟相似，但上体光泽少，从头顶至尾均具黑色横纹；尾长。虹膜蓝色，外圈粉红色；嘴黑色；跗跖和趾暗紫红色；爪角褐色。

识别要点 额和喉浅黄色，头顶粉灰色，后颈及上背具绿褐粉色金属光泽。腹部淡黄色。翅和尾暗棕色。尾长。雌鸟黑色横纹从头顶延伸到尾部。

生　　境 常栖息于山地森林中，冬季也常见于低丘陵和山脚平原地带的耕地和农田。

生活习性 常成对活动，偶尔单只，很少成群。落地时尾竖起。主要以榕树果实和其他植物浆果、种子、草籽为食，有时也取食稻谷等农作物。繁殖期 5~8 月，窝卵数通常 1~2 枚。

36 橙胸绿鸠 *Treron bicinctus*

英 文 名 Orange-breasted Green Pigeon

别　　名 赤胸绿鸠、橙胸鸠

分类地位 鸽形目（Columbiformes）、鸠鸽科（Columbidae）

保护级别 国家二级

形态特征 小体型鸟类，体长 24~29 cm，体重 135~200 g。雄鸟前额、眼先和头顶为黄绿色，眼周裸露皮肤紫蓝色。枕部、后颈和上背均为蓝灰色；背部、肩部、腰部、尾上覆羽和翅上小覆羽均为褐绿色，尾上覆羽多棕褐色，尾羽为深灰色，具宽的淡灰色端斑和黑色次端斑；翅中覆羽绿色，具宽的黄色边缘；翅上大覆羽黑色，具宽的黄色羽缘。颊部、喉部和前颈均为绿色，颏部和喉部中央为黄色，上胸部具 1 条宽的红紫色横带，其后具 1 条更宽的棕橙色横带；下胸淡黄绿色，腹部为黄绿色；体侧灰绿色，尾下覆羽棕色。雌鸟与雄鸟的羽色相似，胸部绿黄色，尾下覆羽淡棕黄色，背部、肩部具较多棕褐色。虹膜外圈为粉红色至绯红色，内圈为蓝色；嘴呈淡蓝绿色；脚深红色，爪角褐色。

识别要点 雄鸟前额、喉、颈侧黄绿色，枕部、后颈蓝灰色。下胸淡黄绿色，下腹黄绿色。尾下覆羽棕色。雌鸟胸部无橙红色带斑。

生　　境 常栖息于山地丘陵和地势低的热带雨林及次生林中。

生活习性 常单独或成 5~6 只的小群活动，有时也混群活动。喜欢栖息于枯立的树顶枝上。主要以榕树果实为食，也取食其他植物的果实与种子。繁殖期 4~7 月，窝卵数 2 枚。

37 厚嘴绿鸠 *Treron curvirostra*

英文名 Thick－billed Green Pigeon

别　名 粗嘴绿鸠

分类地位 鸽形目（Columbiformes）、鸠鸽科（Columbidae）、海南特有亚种

保护级别 国家二级

形态特征 小体型鸟类，体长 21～29 cm，体重 105～290 g。雄鸟前额和眼先灰色，眼周裸露皮肤为蓝绿色，头顶暗灰色。枕和后颈橄榄绿色，背、肩、翕和翅上小覆羽均为紫栗红色；第 1、第 2 枚飞羽外翈具窄黄白色边缘，外侧覆羽具宽黄色边缘；腰和尾上覆羽橄榄绿色，尾上覆羽较亮并缀黄色；中央尾羽橄榄绿色，外侧尾羽灰色，中央具黑色横带，紧邻中央尾羽的 2 对尾羽或多或少缀有绿色；尾下覆羽桂红色，外侧杂有绿色和白色。颊、耳覆羽、颏和喉的两侧、胸及其余下体橄榄绿色，颏和喉的中央黄色；两胁前部、腿覆羽和肛羽暗橄榄绿色并混杂有白色。雌鸟上体橄榄绿色，无栗紫红色渲染，整体羽色深绿色；尾下覆羽皮黄色。虹膜外圈橙红色，内圈灰蓝色；喙黄色，基部红色；脚珊瑚红色。海南亚种头顶灰色多沾绿色，枕部呈污绿色。

识别要点 体羽绿色，眼周蓝绿色明显，喙黄色，基部红色。额及头顶暗灰色，翅上覆羽紫色，边缘具黄斑。雌鸟翅上覆羽深绿色。

生　境 常栖息于热带和亚热带的山地、丘陵、阴暗潮湿的原始森林、常绿阔叶林和次生林中。

生活习性 早晚活动频繁。常栖息于枯树枝上。主要以榕树果实为食，也取食其他植物的果实与种子。繁殖期 5～8 月，窝卵数 2 枚。

38 红翅绿鸠　*Treron sieboldii*

英 文 名　White-bellied Green Pigeon

别　　名　白腹楔尾鸠、白腹楔尾绿鸠

分类地位　鸽形目（Columbiformes）、鸠鸽科（Columbidae）

保护级别　国家二级

形态特征　中等体型鸟类，体长 21~33 cm，体重 200~340 g。雄鸟前额和眼先为亮橄榄黄色；头顶橄榄色，微缀橙棕色；头侧和后颈为灰黄绿色。颈部较灰，常形成 1 个带状斑；其余上体和翅内侧为橄榄绿色；飞羽和大覆羽黑色，并具大块的紫红栗色斑；中央 1 对尾羽为橄榄绿色。颏部、喉部为亮黄色，胸部亮黄色沾棕橙色，两胁具灰绿色条纹，腹部和其余下体乳白色或淡棕黄色；腋羽和翼下覆羽灰色，腿覆羽黄褐色或棕白色，缀有灰绿色。雌鸟羽色与雄鸟相似，但颏部、喉部为淡黄绿色，头顶、胸部、背部和翅暗绿色。虹膜外圈紫红色，内圈蓝色；嘴灰蓝色，端部较暗；脚淡紫红色。海南亚种背部栗红色，腹部橙黄色至棕黄色，翅长通常小于 18.5 cm。

识别要点　前额和眼先亮橄榄黄色，头顶橄榄色，头侧和后颈为灰黄绿色，颈部较灰，喉和胸亮黄色，腹乳白色或淡棕黄色。嘴灰蓝色，脚淡紫红色。

生　　境　常栖息于海拔 2 000 m 以下的山地针叶林和针阔叶混交林中，有时也见于林缘耕地。

生活习性　常成小群或单独活动。飞行快而直，能在飞行中突然改变方向；飞行时两翅扇动频繁，并伴随呼呼的振翅声。主要以山樱桃、草莓等浆果为食，也取食其他植物的果实与种子。繁殖期 5~6 月，窝卵数 2 枚。

39 绿皇鸠 *Ducula aenea*

英 文 名 Green Imperial Pigeon

别　　名 绿南鸠、大绿鸠、大青咖追

分类地位 鸽形目（Columbiformes）、鸠鸽科（Columbidae）

保护级别 国家二级

形态特征 中等体型鸟类，体长 36~43 cm，体重 508~600 g。头部、颈部和下体淡蓝灰色，微缀葡萄红色，尾下覆羽暗栗色；前额和额为白色。背部、肩部、腰部、尾覆羽和翅覆羽均为亮金属铜绿色或墨绿色，上背和两肩有时也具红铜色光泽，背部和腰部有时也具黑色的羽端；尾羽颜色和背部相似，同为金属铜绿色，但缺少金属光泽而具更多蓝色。虹膜红色；嘴为铅褐色至铅黑色，端部象牙白色，有时沾橙红色；脚暗紫红色或褐橙色。

识别要点 头部、颈部和下体淡蓝灰色，微缀葡萄红色，尾下覆羽暗栗色。背至尾上覆羽铜绿色或墨绿色。

生　　境 常栖息于平原、河谷和丘陵地带的阔叶林和次生林中，也见于居民点附近的小块丛林及榕树和橄榄树上。

生活习性 常单个或成对活动。多在树冠层活动，早晨和黄昏活动频繁。常栖于大树顶端的枯枝上，一般较少地面活动。主要以榕果等植物果实为食，有时也捕食昆虫。繁殖期 4~7 月，窝卵数通常 1~2 枚。

40 山皇鸠 *Ducula badia*

英 文 名 Mountain Imperial Pigeon

别　　名 粟背皇鸠、灰头南鸠

分类地位 鸽形目（Columbiformes）、鸠鸽科（Columbidae）

保护级别 国家二级

形态特征 中等体型鸟类，体长 38~47 cm，体重 38~57 g。前额、头顶和头侧均为浅灰色，后颈和翕为淡粉色；肩、上背、翅上的小覆羽和中覆羽为紫红色；下背、腰和尾上覆羽为灰褐色。尾黑褐色，具灰褐色宽端斑。飞羽黑色；大覆羽灰褐色，具淡栗色羽缘。胸、腹为淡葡萄灰色，两胁和腋羽灰色，尾羽黑褐色，端部灰黑色，尾下覆羽皮黄色或淡棕白色；颏、喉白色。虹膜灰白色；嘴橙红色或暗橙红色，尖端暗褐色；脚橙红色或淡紫橙红色。

识别要点 头浅灰色。后颈淡粉色，背及翅覆羽紫红色。尾羽黑褐色，端部灰黑色，尾下覆羽皮黄色或淡棕白色；颏、喉白色。脚橙红色或淡紫橙红色。

生　　境 常栖息于海拔 2 000 m 以下的山地常绿阔叶林中。

生活习性 常成小群活动，偶尔也成 10 只左右的大群。多在林中高大乔木的树冠层活动。清晨和傍晚常栖息于树冠层。飞行快而有力，两翅扇动频繁，并伴随呼呼的振翅声。主要以植物果实为食。繁殖期4~6月，窝卵数1枚，偶尔2枚。

41 爪哇金丝燕 *Aerodramus fuciphagus*

英 文 名 Edible－nest Swiftlet

别　　名 无

分类地位 夜鹰目（Caprimulgiformes）、雨燕科（Apodidae）

保护级别 国家二级

形态特征 小体型鸟类，体长 11.5~12.5 cm，体重 8.7~14.8 g。嘴短宽、平扁，喙裂较宽；上体深棕色或黑褐色，具金属光泽；头顶、两翼和尾羽暗浓；腰带斑较淡。下体灰褐色，除了近乎黑色的底部隐形，显出分叉尾部。羽轴略呈暗褐色。翅黑色，尖长超过尾端，是尾长度的 2 倍；落地时双翼折叠。尾呈扇形分叉，上下均为黑色。脚黑色、短，呈前趾型，跗骨短，跗跖裸露或被有少许羽毛。

识别要点 上体深棕色或黑褐色，头顶、翅、尾稍暗。下体灰褐色。翅尖长，呈扇形不分叉，上下均为黑色。

生　　境 常栖息于海岛和海岸地区。

生活习性 常成群在开阔的灌木丛上空飞翔。营巢和栖居于岩洞中。能够回声定位。主要以昆虫为食。

42 灰喉针尾雨燕 *Hirundapus cochinchinensis*

英 文 名 Silver-backed Needletail

别　　名 无

分类地位 夜鹰目（Caprimulgiformes）、雨燕科（Apodidae）

保护级别 国家二级

形态特征 小体型鸟类，体长约 19 cm，体重约 95 g。额、头顶、头侧、后颈、翅膀、尾上覆羽和尾羽均为黑色，且具蓝色金属光泽；枕部缀烟灰色。肩部、背部和腰部均为褐灰色，背部具 1 个不明显的马鞍形灰褐色斑。翅狭长，初级飞羽和次级飞羽均淡褐色，三级飞羽白色；飞行时可见明显的长椭圆形翼斑。颏部、喉部均为烟灰色；前颈、胸部、腹部、两胁、腋羽和翼下覆羽均为暗褐色，肛周和尾下覆羽白色。虹膜暗褐色；嘴黑色；跗跖和趾红褐色；爪黄褐色、透明。

识别要点 颏和喉烟灰色；体羽黑色具蓝色金属光泽，翅狭长；尾下覆羽白色。嘴黑色，跗跖和趾红褐色。

生　　境 常栖息于海岸、海岛和山地森林地带。

生活习性 常在开阔地区和森林上空活动；飞行速度较快。主要以飞行性昆虫为食，常边飞行边捕食。繁殖期 2~3 月，窝卵数 3 枚。

43 褐翅鸦鹃 *Centropus sinensis*

英 文 名 Greater Coucal

别　　名 大毛鸡、毛鸡、红毛鸡

分类地位 鹃形目（Cuculiformes）、杜鹃科（Cuculidae）

保护级别 国家二级

形态特征 中等体型鸟类，体长 40~52 cm，体重 250~400 g。两翅、肩和肩内侧均为栗红色，其余体羽，包括翼下覆羽和尾羽均为黑色。头至胸具紫蓝色光泽和亮黑色羽干纹，胸至腹具绿色光泽，尾羽具铜绿色光泽。初级飞羽和外侧次级飞羽具暗色羽端。虹膜赤红色；嘴、脚黑色。

识别要点 体羽黑色，带紫蓝色光泽，翅和背栗红色，翅下覆羽黑色。

生　　境 常栖息于海拔 1 000 m 以下的低山丘陵和平原地区的林缘灌丛、稀树草坡、河谷灌丛、草丛中，也见于靠近水源的村边灌丛和竹丛等地方。

生活习性 常单个或成对活动，较少聚成群。多在地面活动，善地面行走，跳跃取食，行动迅速。杂食性，主要以毛虫、蝗虫、甲虫、蜚蠊、蚁和蜂等昆虫为食，也捕食甲壳类、软体动物等其他无脊椎动物和鼠类、鸟卵和雏鸟等脊椎动物。繁殖期 4~9 月，窝卵数通常 3~5 枚。

44 小鸦鹃 *Centropus bengalensis*

英 文 名 Lesser Coucal

别　　名 小毛鸡、小乌鸦雉

分类地位 鹃形目（Cuculiformes）、杜鹃科（Cuculidae）

保护级别 国家二级

形态特征 中等体型鸟类，体长 30~40 cm，体重 85~167 g。颈、上背及下体均为黑色，具深蓝色光泽和亮黑色羽干纹；下背和尾上覆羽为淡黑色，具蓝色光泽；肩及其内侧、两翅均为淡红褐色；翅端和内侧次级飞羽褐色，羽干淡栗色；尾黑色，具绿色金属光泽和白色窄的尖端。虹膜深红色；嘴黑色；脚铅黑色。

识别要点 体羽黑色，翅淡红褐色，翅下覆羽褐色；尾黑色，具绿色金属光泽和白色窄的尖端。虹膜深红色。

生　　境 常栖息于低山丘陵和开阔山脚平原地带的灌丛、草丛、果园和次生林中。

生活习性 常单独或成对活动。性机智且隐蔽。主要以蝗虫、蝼蛄、金龟甲等昆虫和其他小型动物为食，也取食少量植物果实与种子。繁殖期 3~8 月，窝卵数通常 3~5 枚。

45 紫水鸡 *Porphyrio porphyrio*

英 文 名 Purple Swamphen

别　 名 无

分类地位 鹤形目（Gruiformes）、秧鸡科（Rallidae）

保护级别 国家二级

形态特征 中等体型涉禽，体长 45~50 cm，体重约 550 g。头顶灰褐色沾紫色，由头侧、颈侧和上体逐渐转为紫蓝色；头侧灰色；肩、翅覆羽和两翅表面为绿蓝色，外侧初级飞羽更蓝；内侧次级飞羽中部暗铜绿色，羽缘蓝绿色；尾黑褐色沾蓝色，具绿色光泽。

颏、喉和前颈均为淡钴蓝色，到胸部逐渐变为暗绿蓝色；腹部紫罗兰色；肛周黑褐色，尾下覆羽白色。虹膜深血红色，雌鸟和幼鸟多为褐红色；嘴膨大，粗短，鲜红色，额鲜红色；脚和趾甚长，呈暗红色。

识别要点 通体为蓝色或紫蓝色；嘴大，粗短，鲜红色；额鲜红色。尾下覆羽纯白色。脚和趾均甚长，呈暗红色。活动时尾频频向上扭动，露出白色的尾下羽。

生　 境 常栖息于有水生植物的淡水或咸水湖泊、河流、池塘、水坝、沼泽地带。

生活习性 常成对或成家族群活动。性温顺而胆小，多在清晨和黄昏活动。杂食性，主要以嫩叶、幼芽、种子为食，也捕食昆虫和软体动物。繁殖期 4~7 月，窝卵数通常 3~7 枚。

46 灰鹤 *Grus grus*

英 文 名 Common Crane

别　　名 千岁鹤、玄鹤、番薯鹤

分类地位 鹤形目（Gruiformes）、鹤科（Gruidae）

保护级别 国家二级

形态特征 大体型涉禽，体长 100~112 cm，体重 3 000~5 500 g。全身羽毛大都灰色，头顶裸出部朱红色，并具稀疏的黑色发状短羽；眼先、枕、颊、喉、前颈和后颈均为灰黑色；自眼后具1道宽的白色条纹延伸至颈背；初级飞羽、次级飞羽黑褐色，三级飞羽灰色，仅羽端略呈黑色，延长弯曲成弓状，羽枝分离呈毛发状。尾灰色，羽端近黑色，其余体羽灰色。雌雄羽色相似，颈、脚均甚长。虹膜赤褐色或黄褐色；嘴青灰色，

先端略淡，呈乳黄色；跗跖和趾灰黑色。

识别要点　全身羽毛大都灰色，头顶裸露部分朱红色，前顶冠黑色；枕部、喉部和颈部灰黑色，自眼后具1道宽的白色条纹延伸至颈背。颈、脚均甚长。嘴青灰色；脚黑色。

生　　境　常栖息于开阔的平原、草地、沼泽、河滩、旷野、湖泊及农田地带，偏好富有水边植物的开阔湖泊和沼泽。

生活习性　常成5~10只小群活动。性机警。活动和觅食时常有1只个体警戒，受到惊扰后立刻长鸣一声，并振翅飞翔，其他个体立刻齐声长鸣，振翅而飞。飞行时头、颈向前伸直，脚向后直伸，并排列成“V”字或“人”字形。栖息时常单只脚站立，另一只脚收于腹部。杂食性，主要以根、茎、叶、果实和种子等植物性食物为主，喜食芦苇的根和叶，也捕食昆虫、小螺、蚯蚓等动物性食物。繁殖期4~7月，窝卵数通常2枚。

47 大石鸻 *Esacus recurvirostris*

英 文 名 Great Thick-knee

别　　名 无

分类地位 鸻形目（Charadriiformes）、石鸻科（Burhinidae）

保护级别 国家二级

形态特征 中等体型涉禽，体长 53~57 cm。前额、眼先、头顶和头侧为黑色或黑褐色；具 1 条自眼前沿眼延伸到枕的白色宽眉纹；具黑色宽的贯眼纹，前端与前额相连，后端与枕侧黑色相连，并包围白色眉纹；颊的余部、颏、喉均为白色，颚纹黑色，在白色的颊和喉之间，呈八字胡状；上体灰褐色。翅上覆羽灰色，翼角处具 1 个白斑，小翅覆羽黑褐色，羽端白色，翅折叠时在翅肩部形成 1 道宽的黑褐色和窄的白色横带；最外侧 3 枚初级飞羽黑褐色，具宽的白色亚端斑，其余 5 枚外侧飞羽黑褐色，内侧初级飞羽和初级覆羽白色。尾橄榄褐色，中央 1 对尾羽黑褐色，微缀淡色斑点，其余尾羽具白色亚端斑和暗褐色端斑。前颈和胸淡灰色，具细的暗色纵纹。尾下覆羽皮黄色，其余下体白色。虹膜黄色，甚大；嘴粗厚而直，黑色，基部黄色；脚褐色或黄绿色。

识别要点 嘴粗厚而直；眼黄色且大，具白色眉纹；前额、下颏和喉白色，颚纹黑色呈八字胡状；上体灰褐色，翼上具黑白色粗横纹。

生　　境 常栖息于海滨沙滩、岩礁和海边的红树林地区。

生活习性 常单独或成对活动，偶尔成小群。夜间和黄昏活动频繁，白天较少觅食。主要以小型甲壳类和软体动物等海洋无脊椎动物为食。繁殖期 3~4 月或 8~12 月，窝卵数通常 1~2 枚。

48 水雉 *Hydrophasianus chirurgus*

英文名 Pheasant-tailed Jacana

别名 鸡尾水雉、长尾水雉

分类地位 鸻形目（Charadriiformes）、水雉科（Jacanidae）

保护级别 国家二级

形态特征 中等体型水鸟，体长 31~58 cm。夏羽头、颏、喉和前颈均为白色；后颈金黄色；枕黑色，往两侧延伸成 1 条黑线，沿颈侧向下与胸部黑色相连，将前颈白色和后颈金黄色分开；背、肩棕褐色，具紫色光泽。腰、尾上覆羽和尾均为深褐色；翅上覆羽白色，第 1、2 枚初级飞羽黑色。腋羽和翼下覆羽白色。冬羽上体绿褐色至灰褐色；下体白色，具白色眉纹；颈侧具 1 条黑色纵带，沿颈侧向下与黑色胸带相连；尾较夏羽短。虹膜褐色；嘴蓝灰色，尖端缀有绿色；跗跖和趾淡绿色。

识别要点 夏羽头和前颈白色，后颈金黄色；翅白色；尾长而呈深褐色。飞行时白色翼明显，仅初级飞羽黑色。冬羽上体绿褐色至灰褐色；下体白色，尾较夏羽短。

生境 常栖息于富有挺水植物和漂浮植物的淡水湖泊、池塘和沼泽地带。

生活习性 常单独或成小群活动，有时成大群。性活泼，善行走，能在漂浮于水面的莲、菱等水生植物上活动。善游泳和潜水，游泳时头尾上翘，露出水面甚高。主要以昆虫、虾、软体动物等小型无脊椎动物和水生植物为食。繁殖期 4~9 月，窝卵数 4 枚。

49 小杓鹬 *Numenius minutus*

英 文 名 Little Curlew

别　　名 小油老罐

分类地位 鸻形目（Charadriiformes）、鹬科（Scolopacidae）

保护级别 国家二级

形态特征 小体型涉禽，体长 29~32 cm，体重 100~250 g。头顶黑褐色，中央冠纹沙皮黄色，两侧冠纹黑色；眉纹皮黄白色；具 1 条自眼前经眼下再弯至眼后延伸到耳羽的黑褐色纹。上体黑褐色，具明显的皮黄色或白色羽缘；后颈灰白色，具细的黑色羽轴纹，在后颈形成细密的黑色纵纹；背、肩和翅上小覆羽为黑色，具皮黄色斑点和羽缘，飞羽黑色，初级飞羽基部较淡。第 1 枚初级飞羽羽轴白色，次级飞羽微具白色羽缘。尾灰褐色，具黑色横斑。颏、喉、颈侧均为灰白色，颈侧具黑色羽干纹；前颈、胸灰白色，缀皮黄色，具黑色羽干纹；胸侧、两胁具黑色横斑，腹中央灰白色；腋羽和翅下覆羽皮黄色，具黑褐色横斑。虹膜黑褐色；嘴黑色，较细短，基部较直，往尖端逐渐朝下弯曲；脚黄色或蓝灰色。

识别要点 头具明显的冠纹，中央冠纹沙皮黄色，两侧冠纹黑色，眉纹皮黄白色，贯眼纹黑褐色。上体黑褐色，具皮黄色或白色羽缘。胸和前颈灰白色，缀皮黄色，腹中央灰白色。

生　　境 繁殖期常栖息于高山森林及矮树丛林地带，喜欢在其附近的湖边、河岸、沼泽及草地上活动。

生活习性 常单独或成小群活动。会到潮水退却的滩涂上啄食昆虫、小鱼、小虾、甲壳类和软体动物等，有时也取食藻类和植物种子。繁殖期 6~7 月，窝卵数通常 3~4 枚。

50 白腰杓鹬　*Numenius arquata*

英 文 名　Little Curlew

别　　名　无

分类地位　鸻形目（Charadriiformes）、鹬科（Scolopacidae）

保护级别　国家二级

形态特征　大体型涉禽，体长 57~63 cm，体重 659~1 000 g。头顶及上体淡褐色，密被黑褐色羽干纹；嘴甚细长，黑色，向下弯曲；自后颈至上背羽干纹增宽，到上背则呈斑带状；翼上覆羽具锯齿形黑褐色羽轴斑；第 1 枚初级飞羽羽干白色；下背、腰及尾上覆羽白色，下背具细的灰褐色羽干纹；尾上覆羽变为较粗的黑褐色羽干纹，尾羽白色，具黑褐色细窄横斑。颏、喉灰白色，前颈、颈侧、胸、腹棕白色或淡褐色，具灰褐色纵纹；腹、两胁白色，具粗的黑褐色斑点；下腹和尾下覆羽白色，腋羽和翼下覆羽为白色。雌鸟通常比雄鸟体型大，喙更长。下嘴基部肉红色；脚青灰色。

识别要点　嘴甚细长，向下弯曲。腰白色，尾羽白色且具黑褐色细窄横斑。雌鸟通常比雄鸟体型大，喙更长。脚青灰色。

生　　境　常栖息于森林和平原中的湖泊、河流岸边和附近的沼泽地带、草地及农田地带，也见于海滨、河口沙洲和沿海沼泽湿地。

生活习性　常成小群活动。性机警，活动缓慢。飞行有力，两翅扇动缓慢。主要以甲壳类、软体动物、昆虫为食，也捕食小鱼和蛙。常边走边将嘴插入泥中觅食。繁殖期 5~7 月，窝卵数通常 4 枚。

51 大杓鹬 *Numenius madagascariensis*

英 文 名 Eastern Curlew

别　　名 红腰勺鹬

分类地位 鸻形目（Charadriiformes）、鹬科（Scolopacidae）

保护级别 国家二级

形态特征 大体型涉禽，体长 54~65 cm，体重 725~1 100 g。眼周灰白色，眼先蓝灰色；嘴细长，向下弯曲，呈弧形；颈部白色羽缘较宽。上体黑褐色，羽缘白色和棕白色，呈花斑状；初级飞羽外侧黑褐色，内翈灰褐色，具多道锯齿状白色横斑；腰和尾上覆羽具较宽的棕红褐色羽缘，尾羽浅灰沾黄，具棕褐色或灰褐色横斑。颏、喉白色；颊、颈侧和胸皮黄白色，具黑褐色羽干纹，喉、胸较密和较细；腹至尾下覆羽灰白色，具较稀疏的灰褐色羽干纹；腋羽和翅下覆羽白色，具灰褐色或黑褐色横斑。虹膜暗褐色；嘴黑色，下嘴基部肉红色，上嘴基部褐色；脚灰褐色或黑色。

识别要点 嘴细长，向下弯曲；上体黑褐色；腰和尾羽棕红褐色；嘴黑色，下嘴基部肉红色，脚灰褐色或黑色。

生　　境 常栖息于低山丘陵和平原地带的河流、湖泊、芦苇沼泽、水塘，以及附近的湿草地和水稻田边，有时也见于林中小溪边及附近开阔的湿地。

生活习性 繁殖期间成对活动。性胆怯。飞行时两翅扇动缓慢，飞行速度较快。成群飞行时常排成“V”形。主要以甲壳类、软体动物、昆虫为食，有时也捕食鱼类、爬行类和无尾两栖类等脊椎动物。繁殖期 4~7 月，窝卵数 4 枚。

52 小青脚鹬 *Tringa guttifer*

英文名 Nordmann's Greenshank

别　名 诺氏鹬

分类地位 鸻形目（Charadriiformes）、鹬科（Scolopacidae）

保护级别 国家一级

形态特征 小体型涉禽，体长 29~32 cm。夏羽头顶至后颈为灰褐色，具黑色纵纹；头侧、脸、颊白色具粗的黑褐色纵纹；背、肩和三级飞羽黑褐色具白色羽缘；翅上小覆羽黑褐色，其余翅覆羽暗褐色，羽缘白色；初级覆羽和初级飞羽黑褐色，次级飞羽暗灰色，尖端较淡；下背、腰和尾上覆羽白色，尾上覆羽缀少许黑色窄横斑。尾白色，中央尾羽沾灰色，末端具 1 对"U"形灰色横斑。前颈、颈侧具明显的黑褐色纵纹或斑点；胸、上腹和两胁具粗的黑褐色卵圆形、半圆形或心形斑。腋羽、翼下覆羽和其余下体纯白色。冬羽前额和眉纹白色，头顶、枕、后颈和耳区淡灰色或暗灰色，微具灰褐色或暗褐色纵纹；上体暗灰色，羽缘较淡，呈白色或灰白色。翅上小覆羽较暗，呈黑褐色，与暗灰色的翅上覆羽形成明显对比；尾淡灰色。下体白色，下颈和胸缀有淡灰色纵纹；腿短，黄色。虹膜暗褐色；嘴较粗，几近直形，微向上翘，末端黑色，基部绿色或黄褐色。

识别要点 腿短，黄色；喙直，基部黄色，端部黑色。夏羽头顶至后颈为灰褐色，具黑色纵纹。冬羽前额和眉纹白色。

生　境 繁殖期常栖息于稀疏落叶松林中的沼泽、水塘和湿地；非繁殖期常栖息于海边沙滩、开阔平坦的泥地、河口沙洲和沿海沼泽地带。

生活习性 常单独活动。性胆小而机警。飞行时翅扇动幅度大，飞行速度快。主要以小型水生无脊椎动物和小型鱼类为食。觅食时常低着头，嘴朝下，在浅水地带来回奔跑。繁殖期 6~8 月。

53 翻石鹬 *Arenaria interpres*

英 文 名 Ruddy Turnstone

别　　名 无

分类地位 鸻形目（Charadriiformes）、鹬科（Scolopacidae）

保护级别 国家二级

形态特征 小体型涉禽，体长 18~24 cm，体重 82~135 g。雄鸟夏羽头颈白色，头顶与枕具细的黑色纵纹；前额白色，两眼间横跨 1 条黑色横带，并经两眼垂直向下，与黑色颚纹相交。眼先、耳覆羽和喉白色，胸和前颈黑色，两端分别向颈侧延伸，形成 2 条带斑；前端与黑色颚纹相连，喉中部白色。其余下体纯白色。颈短。背、肩橙红色，具黑、白色斑；下背和尾上覆羽白色，腰具 1 条黑色横带；尾黑色，外侧 5 对尾羽具窄的白色尖端；初级飞羽黑褐色，羽轴白色；大覆羽黑色，具白色端斑，外侧次级飞羽基部也为白色，端部黑色；内侧次级飞羽白色，具黑色端斑；在翅上形成明显的白带；三级飞羽橙栗色，具黑色斑纹；小翼羽及初级覆羽黑色；中覆羽赤褐色；内侧翅覆羽和三级飞羽基部白色，在翅基部形成三角形白斑。飞行时背面可见黑、白、红三色相间的花斑。雌鸟和雄鸟基本相似，但上体较暗，暗赤褐色，头部具较多黑色纵纹。冬羽和夏羽相似，但上体变为暗褐色；背部和胸部黑色变为黑褐色。虹膜暗褐色；嘴短，黑色，基部较淡；脚短，橙黄色。

识别要点 嘴、颈、脚均较短；夏羽背橙红色，具黑、白色斑；头顶具黑色纵纹，前颈和胸黑色，脚橙黄色。雌鸟头部黑色纵纹较多。飞行时背面可见黑、白、红三色相间的花斑。

生　　境 常栖息于岩石海岸、海滨沙滩、泥地和潮间地带，也见于海边沼泽及河口沙洲。

生活习性 常单独或成小群活动，迁徙期间常成大群。行走时步态蹒跚，飞行有力。主要以甲壳类、软体动物、蜘蛛、蚯蚓、昆虫及其幼虫为食，也取食部分禾本科植物种子和植物浆果。常用嘴翻转水边地上或浅水处的海草和小卵石，啄食隐藏在下面的甲壳类和其他小型无脊椎动物。繁殖期 6~8 月，窝卵数通常 4 枚。

54 大滨鹬 *Calidris tenuirostris*

英 文 名 Great Knot

别　　名 无

分类地位 鸻形目（Charadriiformes）、鹬科（Scolopacidae）

保护级别 国家二级

形态特征 小体型涉禽，体长 27~30 cm，体重 135~207 g。夏羽头顶灰褐色，具黑褐色纵纹，眉纹白色；嘴长且直；脸和颈侧、前颈白色具细的黑褐色纵纹，贯眼纹黑褐色；背、肩和翅上覆羽灰褐色，具黑褐色轴纹及淡色羽缘，肩具明显的栗红色斑和白色羽缘，腰和尾上覆羽白色微具黑色斑点或横斑；尾淡灰褐色或黑褐色，具淡色端缘；飞羽灰褐色，初级飞羽羽轴白色，内侧初级覆羽和大覆羽具白色端斑，在翅上形成明显的白色翅斑。颏、喉白色，胸和两胁白色，胸部具特别密的黑色斑点；两胁和尾下面具心形黑色斑点；腹和肛区白色，翅下主要为白色，腋羽白色，微缀褐色；尾上覆羽白色。冬羽上体和胸颜色较淡、较灰，黑色轴纹不明显，肩部栗红色消失；头和颈部密布暗色条纹；胸部黑带变为细的黑褐色纵纹或斑点；翼斑白色。嘴黑褐色，基部淡绿色；脚暗石板色或灰绿色。

识别要点 嘴长且直，黑褐色。夏羽头顶灰褐色，具黑褐色纵纹，肩具明显的栗红色斑和白色羽缘，尾上覆羽白色。下体白色，胸部具特别密的黑色斑点。冬羽上体和胸颜色较淡、较灰，黑色轴纹不明显。

生　　境 常栖息于海岸、河口沙洲及其附近沼泽地带，迁徙期间见于开阔的河流与湖泊沿岸地带。

生活习性 常成群活动。主要以甲壳类、软体动物、昆虫为食。觅食时常将嘴插入泥中，也常沿浅水处或水边沙滩和泥地上边走边寻找食物。繁殖期 6~8 月，窝卵数 4 枚。

55 勺嘴鹬 *Calidris pygmaea*

英 文 名 Spoon－billed Sandpiper

别　　名 琵嘴鹬、匙嘴鹬

分类地位 鸻形目（Charadriiformes）、鹬科（Scolopacidae）

保护级别 国家一级

形态特征 小体型涉禽，体长 14～16 cm。夏羽前额、头顶和后颈均为棕红色，具黑褐色纵纹。嘴基部宽厚、平扁，先端扩大形成勺状喙；嘴基和颏白色；眼先较暗，具 1 条黑色贯眼纹，在眼后贯眼纹较细；眉区、头两侧、脸、前颈、颈侧和上胸均为栗红色，具细的褐色纵纹。上体黑色，具棕红色羽缘；翕、肩和三级飞羽中部黑色，羽缘栗色，使背呈现出红栗色而具黑斑。翕部羽缘白色，在背部形成“V”字形白色线。飞羽黑色，大覆羽具白色宽尖端，次级飞羽和内侧初级飞羽基部白色，与大覆羽的白色尖端共同组成翅上宽阔的白色翅带；腰和尾上覆羽两侧白色，中间黑色；中央尾羽黑色，两侧尾羽淡灰色。下胸淡栗色，具褐色纵纹和斑点，有时在两侧形成由褐色斑点组成的纵带；其余下体，包括翅下覆羽和腋羽均为白色。冬羽头顶和背面为灰褐色，具黑褐色羽轴纹；后颈较淡，翅覆羽灰色；具白色窄羽缘。前额、眉纹和下体辉亮白色。下体白色，胸侧具黄褐色纵纹。虹膜暗褐色；嘴黑色；脚黑色。

识别要点 嘴黑色，嘴基平扁，先端扩大形成勺状喙。夏羽上体黑色，具棕红色羽缘。冬羽背面灰褐色，具黑褐色羽轴纹。飞行时翅上具 1 条白色窄翼带。

生　　境 常栖息于海岸与河口地区的浅滩与泥地或海岸附近的水体边上。

生活习性 常单独活动。主要以昆虫、甲壳类和其他小型无脊椎动物为食。觅食时嘴深入水下或烂泥里左右来回摆动，有时也在地面直接啄食。繁殖期 6～7 月，窝卵数通常 3～4 枚。

56 阔嘴鹬 *Calidris falcinellus*

英 文 名 Broad-billed Sandpiper

别　　名 无

分类地位 鸻形目（Charadriiformes）、鹬科（Scolopacidae）

保护级别 国家二级

形态特征 小体型涉禽，体长 16~18 cm，体重 38~50 g。夏羽头顶为黑褐色，眼上具 2 条白色眉纹，上面一条较细，下面一条较粗，二者在眼前会合，此后沿眼先延伸到嘴基；贯眼纹黑褐色。背红褐色，具黑色中央斑和白色羽缘；翕、肩和三级飞羽均为黑褐色，具白色和淡栗色羽缘和灰白色宽尖端；翕和肩部的白色羽缘在背部形成“V”字形斑；翅上覆羽褐色；飞羽黑色；初级覆羽和大覆羽均具窄的白色尖端，形成窄的白色翅带；腰和尾上覆羽两侧为白色，中间为黑褐色；中央 1 对尾羽黑褐色，其余尾羽淡灰色。颊和喉淡褐白色，微具褐色纵纹；其余下体为白色。前颈和胸缀灰褐色，具明显的褐色纵纹。冬羽眉纹白色，较长，从嘴基到后枕，自眼前缘一分为二，上纹较细，下纹较宽；贯眼纹黑褐色，横跨眼先经眼到耳覆羽；头顶和上体淡灰褐色，具黑色中央纹和细的白色羽缘。下体主要为白色。虹膜暗褐色；嘴黑色，基部缀有黄色，尖端向下弯曲；脚短，灰黑色，常缀有绿色、黄色或褐色。

识别要点 夏羽上体黑色，眼上具 2 条白色眉纹。头顶黑褐色，背红褐色，具黑色中央斑和白色羽缘。冬羽上体灰褐色，具黑色中央纹和细的白色羽缘。嘴黑色，较长，基部粗直，尖端微向下弯曲；脚短，灰黑色。

生　　境 常栖息于海岸、河口及附近的沼泽和湿地。仅在迁徙期间有时到内陆湖泊与河流地带。

生活习性 常单只、成对或成小群活动，非繁殖期有时也成大群活动。性机警，相对大胆。主要以软体动物、环节动物、昆虫等无脊椎动物为食，偶尔也取食眼子菜和蓼科植物种子等植物性食物。觅食时常将头颈向前伸出，嘴几乎与地面垂直，边走边啄食。繁殖期 6~7 月，窝卵数通常 4 枚。

57 黑嘴鸥 *Saundersilarus saundersi*

英文名 Saunders's Gull

别 名 桑氏鸥、闲步鸥

分类地位 鸻形目（Charadriiformes）、鸥科（Laridae）

保护级别 国家一级

形态特征 中等体型水鸟，体长 29~39 cm，体重 170~230 g。夏羽头及颈上部为黑色；眼上和眼下具白色星月形斑，并在眼后相连。颈下部、上背、肩、尾上覆羽、尾羽和下体均为白色；下背、腰、三级飞羽和翅上覆羽灰色，翅前缘、外侧边缘白色；第 1~3 枚初级飞羽外翈白色，内翈灰色或灰白色，具宽的黑色边缘和黑色尖端；内侧初级飞羽灰色，尖端具黑色斑点，次级飞羽灰色，具宽的白色先端。冬羽和夏羽大致相似，但头白色，耳区具黑色斑点，头顶缀淡褐色斑。虹膜和嘴黑色，脚红色。

识别要点 嘴黑色，脚红色。夏羽头黑色，眼上和眼下具白色星月形斑。颈下部、肩、尾上覆羽、尾羽和下体白色。初级飞羽末端具黑色斑点。翼下仅部分初级飞羽黑色，与整个翼下表面和下体白色形成鲜明对比。冬羽头白色，头顶有淡褐色斑，耳后具黑色斑点。

生 境 常栖息于沿海滩涂、沼泽及河口地带。

生活习性 常成小群活动，多见于开阔的海边盐碱地和沼泽地，喜欢长有矮小盐碱植物的泥质滩涂。主要以水生昆虫等动物为食。繁殖期 5~6 月，窝卵数通常 1~3 枚。

58 大凤头燕鸥 *Thalasseus bergii*

英文名 Greater Crested Tern

别　名 无

分类地位 鸻形目（Charadriiformes）、鸥科（Laridae）

保护级别 国家二级

形态特征 中等体型水鸟，体长 45~51 cm。夏羽前额和眼先白色，头顶至枕黑色，头顶羽毛向后延长，形成冠羽，黑色。后颈和翅缘白色；背、肩、翅和尾等上体均为暗珠灰色；初级飞羽外翈和内翈羽缘均为黑色，内翈具宽的白色楔形斑，往内楔形斑逐渐变小，最后消失；次级飞羽内侧和尖端白色；尾暗珠灰色，外侧尾羽较长，且逐渐变尖，尾呈叉状。颏、喉、颈和下体，包括腋羽和翅下覆羽均为白色。冬羽和夏羽大致相似，但冬羽头顶缀有白色纵纹。虹膜暗褐色；嘴黄色；脚黑色。

识别要点 嘴黄色，脚黑色。夏羽头顶具黑色长羽冠，前额和眼先白色，背、肩、翅和尾暗珠灰色，初级飞羽黑色。颈和下体白色；尾呈叉状。冬羽头顶缀有白色纵纹。

生　境 常栖息于海岸和海岛岩石、悬崖、沙滩和海洋上。

生活习性 常成群活动。主要在白天活动，晚上常栖息于岸边悬岩或海岛岩石上。常在海面上空飞行，搜寻水下鱼类。主要以鱼类为食，也捕食软体动物和其他动物。繁殖期 5~6 月，窝卵数通常 1~2 枚。

59 中华凤头燕鸥 *Thalasseus bernsteini*

英 文 名 Chinese Crested Tern

别　　名 黑嘴端凤头燕鸥

分类地位 鸻形目（Charadriiformes）、鸥科（Laridae）

保护级别 国家一级

形态特征 中等体型水鸟，体长38~42 cm。夏羽自前额到枕部的头顶及头顶上的冠羽均为黑色。冠羽短。背部、肩部和翅上覆羽为淡灰色，几乎呈白色；初级飞羽内翈有楔形白斑，初级飞羽外翈黑色；尾上覆羽和尾羽均为白色；尾羽呈深叉状，外侧尾羽逐渐变尖。颊部、颈侧、后颈、颏部、喉部和下体均为白色；翼下覆羽和腋羽淡灰色。冬羽前额和头顶为白色，枕部成“U”形黑色斑块。虹膜褐色；嘴黄色，尖端较宽、黑色；脚和趾黑色。

识别要点 嘴黄色，尖端黑色；脚黑色。额、头顶和冠羽黑色，上体淡灰色。尾白色，呈深叉状。冬羽前额和头顶白色。

生　　境 常栖息于海岸岛屿，喜欢在浅海水且离岸近的区域活动。

生活习性 常在海面上空飞行。混群于大凤头燕鸥中，在近海海岛上繁殖。繁殖期5~8月，窝卵数1枚。

60 黑脚信天翁　*Phoebastria nigripes*

英 文 名　Black-footed Albatross

别　　名　无

分类地位　鹱形目（Procellariiformes）、信天翁科（Diomedeidae）

保护级别　国家一级

形态特征　大体型海鸟，体长 79~83 cm。雌雄两性相似。嘴扁，长度中等，几乎和头等长；前额灰色，眼下和经过眼区具白色横斑。前颈灰褐色；体羽厚密；上体为黑褐色，部分尾上覆羽为白色；翅尖长。初级飞羽 11 枚，第 1 枚退化，第 2 枚最长，第 11 枚最短；次级飞羽短；肩羽较长，尾短而稍圆。下体灰色，往腹中部逐渐变淡；尾下覆羽少部分为白色；飞羽、翅覆羽和尾羽黑褐色，略较上体暗；尾基部及尾下覆羽具狭窄的白色。颊前部和颏白色，颊后部、喉和耳区均为灰色。虹膜橙褐色；嘴黑色或灰褐色，嘴基周围白色；趾和蹼黑色；脚强而短，黑色，跗跖左右侧扁，具网状鳞，后趾匿藏于皮下。

识别要点　嘴黑色或灰褐色，嘴基和眼下白色；脚黑色。上体黑褐色。体羽深褐色，尾基部及尾下覆羽具狭窄的白色。

生　　境　常栖息于开阔的海洋和海湾地区。

生活习性　常单只、成对或成小群活动。多栖息在海面上。喜欢靠近航行的船只。白天和晚上均活动。善飞行和游泳。主要以软体动物和鱼类为食。繁殖期 10~12 月，窝卵数 1 枚。

61 彩鹳 *Mycteria leucocephala*

英文名 Painted Stork

别　名 白头鹮鹳

分类地位 鹳形目（Ciconiiformes）、鹳科（Ciconiidae）

保护级别 国家一级

形态特征 大体型涉禽，体长 93~102 cm，体重 2~3 kg。嘴、脚、颈均较长，胫下部裸露。嘴长而粗，尖端微向下弯曲；脸至头顶赤裸无羽，橘黄色，繁殖季为红色。枕、颈、背和胸白色；胸部具宽的黑色胸带；初级飞羽、次级飞羽和尾羽均为黑色，且具绿色金属光泽；内侧次级飞羽和三级飞羽淡红白色，羽缘和尖端深粉红色；翅上小覆羽和中覆羽黑色，具绿色金属光泽和宽的白色羽缘；肩羽和大覆羽玫瑰白色，在翅上形成黑白相间的横带。下体白色，翅下覆羽和下胸具黑色横带，有绿色光泽。虹膜淡黄色或褐色；嘴橙黄色，基部红色；脚红色。

识别要点 嘴粗长而向下弯曲，橙黄色；头部赤裸无羽，橘黄色，繁殖季红色；胸具宽的黑色胸带。飞羽、尾羽均为黑色，具绿色金属光泽。脚特长，红色。

生　境 常栖息于湖泊、河流、水塘等淡水水域的岸边浅水处及其附近的沼泽和草地；非繁殖季也常见于农田和耕地，偶尔也见于沿海海边和盐碱地。

生活习性 常成对或成小群活动。行动缓慢。白天常长时间地缩着脖子不动，呈驼背状，有时也悠闲地漫步在沼泽、草地上。主要以鱼为食，也捕食蛙、爬行类、甲壳类和昆虫等其他动物性食物，偶尔也取食植物性食物。繁殖期 5~7 月，窝卵数 2~5 枚，常 3~4 枚。

62 黑鹳　*Ciconia nigra*

英 文 名　Black Stork

别　　名　黑老鹳、乌鹳、锅鹳

分类地位　鹳形目（Ciconiiformes）、鹳科（Ciconiidae）

保护级别　国家一级

形态特征　大体型涉禽，体长 100~117 cm，体重 2 150~2 747 g。成鸟嘴长而直，基部较粗，向尖端逐渐变细；眼周皮肤裸露，呈红色；鼻孔小，呈裂缝状；头、颈、上体和上胸均为黑色，颈具辉亮的绿色光泽。前颈下部羽毛延长，形成蓬松颈领；背、肩、翅和胸均具紫色和绿色光泽；第 2 和第 4 枚初级飞羽外翈下凹；尾较圆。下胸、腹、两胁和尾下覆羽均为白色；脚甚长，胫下部裸出，前趾基部间具蹼，爪钝而短。飞行时翼下黑色，仅三级飞羽及次级飞羽内侧白色。虹膜褐色或黑色；嘴红色，尖端较淡；脚红色。

识别要点　嘴长而粗壮，头、颈、脚均甚长。上体黑色，具绿色和紫色光泽，下胸、腹部及尾下白色；嘴、腿、脚及眼周裸露皮肤均为红色。

生　　境　繁殖期常栖息于偏僻安静的开阔森林及森林河谷与森林沼泽地带，也常见于荒原和荒山附近的湖泊、水库、水渠、溪流、水塘及沼泽地带。

生活习性　常单独或成对活动，有时也成小群活动。昼行性。性孤独，机警胆小，听觉、视觉发达。在地面起飞时需助跑。飞行时头前伸，两脚并拢，伸于尾后。休息时常单脚或双脚站立，呈驼背状。主要以鲫鱼、泥鳅等鱼类为食，也捕食软体动物、蛙、蜥蜴、雏鸟等动物性食物。繁殖期 4~7 月，窝卵数通常 4~5 枚。

63 秃鹳 *Leptoptilos javanicus*

英 文 名 Lesser Adjutant Stork

别　　名 无

分类地位 鹳形目（Ciconiiformes）、鹳科（Ciconiidae）

保护级别 国家二级

形态特征 大体型涉禽，体长 115~132 cm，体重约 10 kg。雌雄相似，雄鸟体型大。嘴长而粗，呈楔形，嘴基部较厚，向尖端逐渐变细；额和头顶裸露无羽，后头和颈裸露，其上仅分布有稀疏的毛发状羽，红黄色。上体、翅和尾黑灰色，具蓝黑色金属光泽；中次级覆羽近尖端处具椭圆形的铜色小斑点，肩羽和大内侧次级覆羽具白色窄羽缘。下体白色，尾下覆羽较长，白色。虹膜白色、淡灰白色或蓝灰色；嘴黄色或暗黄色，尖端淡白色，基部缀有粉红色或红色。

识别要点 嘴长而粗，腿甚长。上体黑灰色，具蓝黑色金属光泽。下体白色，头和颈具稀疏而短的毛发状羽，裸露，红黄色。

生　　境 常栖息于热带和亚热带山地平原和低山多沼泽的森林地带。

生活习性 常单独或成小群活动。飞行时头缩至肩上，两翅扇动缓慢。能利用热气流在空中翱翔。站立时常缩颈，头缩于肩上，嘴斜向下方。主要以软体动物、昆虫、鱼、蛙、爬行类、雏鸟、啮齿类动物为食，偶尔也取食动物尸体。窝卵数通常 2~4 枚。

64 白腹军舰鸟 *Fregata andrewsi*

英 文 名 Christmas Island Frigatebrid

别　　名 无

分类地位 鲣鸟目（Suliformes）、军舰鸟科（Fregatidae）

保护级别 国家一级

形态特征 大体型海鸟，体长约 1 m。嘴长且直，尖端弯曲成钩状；翅长窄而尖；尾长，叉状。雄鸟通体黑色，头、背和翕部羽毛较长，呈披针形，具明显的绿色金属光泽；喉、颈、胸均为黑色，具紫色光泽。前腹和两胁白色，翅上小覆羽具淡褐色羽缘。雌鸟与雄鸟基本相似，但胸、腹为白色，并延伸至翼下及领环。虹膜红色；嘴玫瑰红色；喉囊和脚均为红色；跗跖短，被红色羽。

识别要点 雄鸟上体黑色带绿色光泽，腹部白色，喉囊、脚和跗跖均为红色；雌鸟胸和腹部为白色。嘴玫瑰红色。

生　　境 常栖息于热带和亚热带海洋或岛屿的树林中。

生活习性 善飞行。主要以海洋鱼类和水母等动物为食。捕食时能贴在水面飞行。有时像海盗一样抢劫鸥类等弱小海洋鸟类刚捕获的食物，迫使它们将已吞下的食物吐出来，在食物落水前抢走。繁殖期 4~6 月，窝卵数通常 1~2 枚。

65 黑腹军舰鸟 *Fregata minor*

英 文 名 Great Frigatebird

别　　名 小军舰鸟

分类地位 鲣鸟目（Suliformes）、军舰鸟科（Fregatidae）

保护级别 国家二级

形态特征 大体型海鸟，体长 80~100 cm。嘴尖长，尖端弯曲成钩状。翅长窄而尖，第 1 枚初级飞羽最长；羽毛厚密。尾甚长，呈深叉状。跗跖较短，被羽到趾。趾间具蹼，中趾较长。雄雌大小和羽色不同。雄鸟体形通常略小于雌鸟，全身黑色；头和颈部羽毛较长而尖，具铜绿色金属光泽；翅上小覆羽和三级飞羽黑褐色，翅上具 1 条褐色带；下体具淡褐色光泽。颏、喉、喉囊绯红色。虹膜淡褐色；嘴黑灰色；脚黑色；雌鸟头和颈黑色，背黑褐色；颏及喉灰白色，上胸白色，喉囊灰色；头和颈部羽毛较尖，具铜绿色光泽，小翅覆羽褐色，翅上具褐色带；脚淡红色。

识别要点 嘴强且尖长，尖端呈钩状。翅甚窄尖长；尾甚长，呈深叉状。雄鸟全身黑色，喉囊绯红色；雌鸟背面黑褐色，胸和腹白色，喉囊灰色。

生　　境 常栖息于热带、亚热带开阔海洋的沿海地带。

生活习性 能长时间在空中飞行。起飞时需从高处往低处飞。主要以鱼为食。常在空中追赶和胁迫鸥、鲣鸟等其他鸟类将捕得的食物吐出来，在食物落水前将其抢走，有时也偷吃其他海鸟的卵和幼雏。繁殖期 4~6 月，窝卵数通常 1 枚。

66 白斑军舰鸟 *Fregata ariel*

英 文 名 Lesser Frigatebird

别　　名 无

分类地位 鲣鸟目（Suliformes）、军舰鸟科（Fregatidae）

保护级别 国家二级

形态特征 大体型海鸟，体长 77~78 cm。雄鸟通体黑色；上体具蓝绿色光泽；翕部羽毛呈披针形；翅甚窄，长且尖；尾甚长，呈叉状。下体暗黑色，羽毛为披针形，微具蓝绿色光泽；喉囊红色；仅两肋及翼下基部具白色斑块。雌鸟体色较雄鸟暗，上体和翅为黑色；胸、颈部、上腹和腋羽均为白色；后颈具 1 道栗色领圈。额、喉、下腹至尾下覆羽均为黑色。雄鸟虹膜、嘴和脚黑色，雌鸟红色；跗跖甚短，被羽。

识别要点 雄鸟全身黑色，仅两肋及翼下基部具白色斑块，喉囊红色。雌鸟上体和翅为黑色，胸、颈部、上腹和腋羽白色。

生　　境 常栖息于热带海洋及其岛屿。

生活习性 主要以鱼类为食。觅食主要通过海盗式的抢夺和迫使其他海鸟将捕获的鱼类吐出，然后在这些食物落水前将其叼走。也捕食螃蟹和其他甲壳类动物，有时也捕食乌贼。繁殖期 5~12 月，窝卵数 1 枚。

67 红脚鲣鸟 *Sula sula*

英 文 名 Red-footed Booby

别　　名 无

分类地位 鲣鸟目（Suliformes）、鲣鸟科（Sulidae）

保护级别 国家二级

形态特征 大体型海鸟，体长 68~75 cm。嘴粗壮，长直而尖，近似圆锥形，上下嘴缘均呈锯齿状；头和颈具黄色光泽，头顶具少许红色；眼周、脸和喉裸露无羽，其中眼周和脸为淡蓝色。喉囊为肉色或红色；翅狭窄，长且尖；尾白色，呈楔形；具脚蹼。具浅、深及中间 3 种色型。浅色型：体羽多白色，初级飞羽及次级飞羽黑色。深色型：头、背及胸均为烟褐色，尾白色。所有色型脚均为红色；嘴淡蓝色，基部红色。

识别要点 体黑白色或烟褐色。脚亮红色，尾白色；嘴淡蓝色，基部红色；眼黑色，眼周淡蓝色。具浅、深及中间 3 种色型。浅色型：体羽多白色，初级飞羽及次级飞羽黑色。深色型：头、背及胸均为烟褐色，尾白色。

生　　境 常栖息于热带海洋中的岛屿、海岸和海面上。

生活习性 典型的热带海洋鸟类，飞行能力极强，善于游泳、潜水、在陆地上行走。趋光性强。主要以鱼类为食，也捕食乌贼和甲壳类等。

68 褐鲣鸟 *Sula leucogaster*

英 文 名 Brown Booby

别　　名 白腹鲣鸟、棕色鲣鸟

分类地位 鲣鸟目（Suliformes）、鲣鸟科（Sulidae）

保护级别 国家二级

形态特征 大体型海鸟，体长 64~70 cm。嘴粗壮、长、直、尖，近似圆锥形，黄色；头、颈、胸及上体均为黑褐色，腹部、翼下覆羽及尾下覆羽均为白色；翅窄、长、尖，上面黑褐色；尾深色。雌鸟嘴基部内侧和眼周裸露皮肤均为橙黄色，而雄鸟为淡蓝色。脚粗短，淡黄色。

识别要点 头、颈、胸及上体均为黑褐色，腹部白色，尾深色。脸上裸露皮肤雌鸟为橙黄色，雄鸟为淡蓝色。脚粗短，淡黄色。

生　　境 常栖息于热带、亚热带和温带海洋中的岛屿和海岸，有时也见于海湾、港口及河口地带。

生活习性 常成群活动。飞行能力强，常鼓翼飞行一段距离后滑翔。善游泳和潜水。休息时漂浮在水面上随波逐流，或站立在岸边岩石上。主要以鱼类为食，也捕食乌贼和甲壳动物等。主要通过潜水搜寻食物，常一边游泳一边不时地潜水捕食，有时也在海面上空飞行搜寻水中食物。

69 黑头白鹮 *Threskiornis melanocephalus*

英 文 名 Black-headed Ibis

别　　名 白鹮

分类地位 鹈形目（Pelecaniformes）、鹮科（Threskiornithidae）

保护级别 国家一级

形态特征 中等体型涉禽，体长 65~75 cm。嘴细长且向下弯曲。夏羽通体白色，头部和颈上部裸露，呈黑色，有时缀蓝色；背和前颈的下部具延长的灰色饰羽，翅下裸露有橙红色斑，且沿翅膀边缘向下方两侧延伸。初级飞羽尖端沾黑色，三级飞羽灰色；飞行时翼尖为黑色。冬羽与夏羽基本相似，但背部和前颈无延伸的灰色饰羽，翅膀下裸露皮肤为橙红色。虹膜红色或红褐色；嘴黑色；脚较短，黑色。

识别要点 嘴细长，向下弯曲，黑色。头和颈裸露无羽，黑色，颈以下通体白色。飞行时翼尖黑色，两翼下面各具 1 个裸露的橙红色斑，沿翼缘向翅下两侧延伸。

生　　境 常栖息于湖边、河岸、稻田、芦苇水塘、沼泽和潮湿草原等开阔地。

生活习性 常成小群活动，有时也单独活动。白天活动。性安静，行走轻盈沉着。飞行时头部和颈部前伸，脚后伸，两翅扇动缓慢有力。主要以甲壳类、软体动物、昆虫、鱼、蝌蚪、蛙、小型爬行动物等动物性食物为食，有时也取食植物性食物。繁殖期 5~8 月，窝卵数通常 2~4 枚。

70 白琵鹭 *Platalea leucorodia*

英 文 名 Eurasian Spoonbill

别　　名 琵琶嘴鹭、琵琶鹭

分类地位 鹈形目（Pelecaniformes）、鹮科（Threskiornithidae）

保护级别 国家二级

形态特征 中等体型涉禽，体长 79~88 cm，体重 2 000~2 080 g。嘴长、直，上下扁平，前端扩大呈勺状，黑色，端部黄色；眼先、眼周、脸和喉裸出皮肤黄色；脚长，胫下部裸露。第 1~4 枚初级飞羽具黑褐色端斑，内侧飞羽基部缀有灰褐色，多数翅羽具黑色羽轴。夏羽全身白色，头后枕部具长的发丝状橙黄色羽冠，前额下部具橙黄色颈环，颏和上喉裸露无羽，橙黄色。冬羽和夏羽相似，全身白色，头后枕部无羽冠，前颈下部无橙黄色颈环。虹膜暗黄色；嘴黑色，前端黄色；脚黑色。

识别要点 嘴长而扁平，黑色，前端黄色，扩大呈勺状。全身白色，繁殖期枕部具橙黄色发丝状冠羽，颏及上喉裸露无羽，橙黄色。冬羽头后枕部无羽冠。

生　　境 常栖息于山地丘陵的河流、湖泊、水库岸边及其浅水处，也见于沿海沼泽、海岸、河谷冲积地和河口三角洲等。

生活习性 常成群活动，偶尔单只。休息时常在水边站成一行散开，能长时间站立不动。性机警畏人。飞行时常排成稀疏的单行或成波浪式，两翅扇动较快。能利用热气流滑翔。多在早晨、黄昏和晚上觅食。主要以软体动物、昆虫及其幼虫、鱼、蝌蚪、蛙、小型爬行动物等动物为食，有时也取食植物性食物。繁殖期 5~7 月，窝卵数通常 3~4 枚。

71 黑脸琵鹭 *Platalea minor*

英文名 Black – faced Spoonbill

别　名 小琵鹭、黑面鹭、黑琵鹭、琵琶嘴鹭

分类地位 鹈形目（Pelecaniformes）、鹮科（Threskiornithidae）

保护级别 国家一级

形态特征 中等体型涉禽，体长 60 ~ 78 cm。嘴长、直，黑色，上下扁平，先端扩大成勺状；通体白色，嘴基、额、脸、眼先、眼周、喉均为黑色；脚较长，胫下部裸露。繁殖期头后枕部具长而呈发丝状的金黄色冠羽，前颈下面和上胸具 1 条黄色宽颈环。非繁殖期冠羽较短，前颈下部无黄色颈环。虹膜深红色或血红色；脚黑色。

识别要点 嘴黑色，长而扁平，前端扩大成勺状。全身白色，繁殖期枕部具金黄色冠羽。脚黑色。

生　境 常栖息于内陆湖泊、水塘、河口、芦苇沼泽、水稻田、沿海及其岛屿和海边芦苇沼泽地带。

生活习性 常单独或成小群活动。性沉着机警。主要在白天觅食。以小鱼、虾、蟹、昆虫、软体动物为食。繁殖期 5 ~ 7 月，窝卵数通常 4 ~ 6 枚。

72 海南鳽　*Gorsachius magnificus*

英 文 名　White - eared Night Heron

别　　名　海南虎斑鳽

分类地位　鹈形目（Pelecaniformes）、鹭科（Ardeidae）

保护级别　国家一级

形态特征　中等体型涉禽，体长54 ~ 61 cm。体型肥胖而粗短。嘴较粗短，前额、头顶、头侧、枕部和较长的冠羽均为黑色；眼后具1条白色条纹，并向后延伸至耳羽上方的羽冠处，白纹下耳羽黑色，眼下具1个白斑。上体羽毛暗褐色，飞羽岩灰色，具绿色金属光泽；翅上覆羽暗褐色，具少许白色斑点。颏部、喉部和前颈均为白色，中央具1条一直延伸到下喉部的黑线；颈部两侧具棕红色斑纹，前颈下部中央暗红褐色，两边黑色；其余下体均为白色；胸部及体侧具灰栗色斑纹。腋羽葡萄褐色，具白色中央纹。虹膜黄色；嘴黑色；眼基和眼先绿色；脚绿色。

识别要点　嘴较粗短，黑色；眼基和眼先绿色。上体暗褐色，头顶和羽冠黑色，飞羽岩灰色。下体白色，脚绿色。

生　　境　常栖息于亚热带高山密林中的山沟河谷和其他有水域的地方。

生活习性　夜行性，白天隐于密林中。主要以小鱼、蛙和昆虫等动物为食。窝卵数通常2 ~ 4枚。繁殖期亲鸟飞离巢高峰期为19:00 ~ 20:00，归巢高峰期为4:30 ~ 5:30，喂雏主要在5:00 ~ 5:30。从雏鸟到幼鸟离巢至少67天。

73 黑冠鳽 *Gorsachius melanolophus*

英 文 名 Malaysian Night Heron

别　　名 黑冠虎斑鳽

分类地位 鹈形目（Pelecaniformes）、鹭科（Ardeidae）

保护级别 国家二级

形态特征 小体型鹭类，体长 40 ~ 47 cm。嘴短；前额、头顶、枕及冠羽均为黑色，冠羽长约 10 cm；眼先和颊部裸露皮肤蓝绿色；头两侧、后颈、颈侧、背、肩和翅覆羽均为栗红色；前颈和胸赤褐色。颏和喉白色沾黄色；喉部具 1 条延伸至上胸的黑色中央线。下体棕黄色，杂黑色斑点；下背、腰和尾上覆羽均为灰色；缀褐色或棕褐色斑；翅覆羽和内侧飞羽具细而模糊的黑色虫蠹状斑。大翅覆羽淡栗色，外侧尖端白色；飞羽黑色，尖端栗色，初级飞羽尖端白色；腋羽和翼下覆羽具黑白相间的横斑；尾黑褐色。虹膜金黄色；嘴黑色，下嘴底缘黄色；跗跖和趾暗绿色。

识别要点 头顶和头后冠羽黑色，头侧、后颈、颈侧和背均为栗红色，眼先蓝绿色，嘴黑色。飞羽黑色，具栗色尖端。前颈和胸赤褐色，喉部具 1 条延伸至上胸的黑色中央线。尾黑褐色。

生　　境 常栖息于山地密林中的溪流与水塘或林缘稻田及芦苇塘地带。

生活习性 常单独活动。夜行性。多在清晨、黄昏和晚上活动。性羞怯、胆小。受惊扰时常站立不动，羽冠竖起。飞行时两翅扇动较快。主要以小鱼、虾、水生昆虫、两栖类、爬行类等动物为食。繁殖期 5 ~ 6 月，窝卵数通常 4 ~ 5 枚。

74 岩鹭　*Egretta sacra*

英 文 名　Pacific Reef Heron

别　　名　太平洋礁鹭、东方礁白鹭

分类地位　鹈形目（Pelecaniformes）、鹭科（Ardeidae）

保护级别　国家二级

形态特征　中等体型涉禽，体长 60 ~ 75 cm，体重 330 ~ 700 g。嘴长，粗钝；颈长；脚粗短。体色分白色型和黑色型。白色型：全身羽毛白色，脸部裸露，皮肤为黄绿色。繁殖期头后部和前颈下部具长的披针形饰羽，背部蓑羽短，仅达尾羽基部；眼和嘴通常黄色，脚黄绿色，趾黄色。黑色型：全身羽毛主要为炭灰色或蓝灰色；颏和喉部具 1 条白色纵纹；繁殖期头后、前颈下部和背部具长的羽饰；眼黄色；嘴黄色或黑色，上嘴通常较下嘴暗；脚黄绿色或灰色；趾黄色。

识别要点　体色具黑、白 2 种色型。白色型：全身羽毛白色，嘴黄色，脚黄绿色，背部蓑羽较短。黑色型：全身羽毛炭灰色或蓝灰色，颏和喉部具 1 条白色纵纹，嘴黄色或黑色，脚黄绿色或灰色。

生　　境　常栖息于热带和亚热带海洋中的岛屿和沿海海岸地带，多栖息于多岩礁的海岛和海岸岩石上。

生活习性　常单独活动，有时成对或以家族为单位小群活动。高度领地性。性羞怯，孤独好静，多在沿海边的岩礁上静静地觅食或者缓慢地走动，有时也伫立在隐蔽的水边岩礁上，身体呈驼背状。主要以小鱼和蟹为食，也捕食昆虫、软体动物。繁殖期 4 ~ 6 月，窝卵数通常 2 ~ 5 枚。

75 黄嘴白鹭 *Egretta eulophotes*

英 文 名 Chinese Egret

别　　名 唐白鹭

分类地位 鹈形目（Pelecaniformes）、鹭科（Ardeidae）

保护级别 国家一级

形态特征 中等体型涉禽，体长 46 ~ 65 cm，体重 320 ~ 650 g。嘴、脚、颈均甚长，全身羽毛纯白色；眼先蓝色。夏季头顶至枕部具矛状长形冠羽；背和两肩具羽枝分散的发状蓑羽，并向后延伸超出尾端；前颈基部的蓑羽垂至下胸。冬羽似夏羽，但背、肩和前颈蓑羽消失；嘴暗褐色，仅下嘴基部黄色；眼先裸出皮肤黄绿色，脚黄绿色。

识别要点 嘴、脚、颈均甚长。全身羽毛纯白色。夏羽枕部具矛状长形冠羽，背、肩和前颈下部具
蓑羽。冬羽背、肩和前颈无饰羽。

生　　境 常栖息于沿海岛屿、海岸、海湾、河口及其沿海附近的江河、湖泊、水塘、溪流、稻田和沼泽地带。

生活习性 常单独或成对或小群活动。白天活动。主要以各种小型鱼类为食，也捕食虾、蟹、蝌蚪和水生昆虫等动物。繁殖期 5 ~ 7 月，窝卵数通常 2 ~ 6 枚。

76 斑嘴鹈鹕 *Pelecanus philippensis*

英文名 Spot - billed Pelican

别名 花嘴鹈鹕、犁鹕

分类地位 鹈形目（Pelecaniformes）、鹈鹕科（Pelecanidae）

保护级别 国家一级

形态特征 大体型水鸟，体长 134 ~ 156 cm。夏羽上体淡银灰色，眼前裸露皮肤橘黄色；后颈羽毛长而蓬松，枕部延伸成短的淡褐色冠羽；初级飞羽和次级覆羽黑色，尖端淡色；次级飞羽和长的肩羽褐色；尾上覆羽淡褐色，杂粉红色。下体白色。喉囊紫色，具黑色云状斑；腰、两胁、肛周和尾下覆羽均缀葡萄红色。冬羽头、颈、背白色；腰、下背、两胁和尾下覆羽白色；羽轴黑色；翅和尾褐色。下体淡褐色。虹膜白色或淡黄色，具模糊的褐色；嘴粉红肉色或肉黄色，在上下嘴边缘具 1 排蓝色斑点；脚黑褐色至黑色。

识别要点 嘴具蓝色斑点，喉囊紫色，枕和后颈具长而蓬松的长羽。夏羽上体淡银灰色，下体白色。冬羽下体淡褐色。

生境 常栖息于沿海海岸、江河、湖泊和沼泽地带。

生活习性 单独或成小群生活。昼行性。飞行力强，两翅扇动缓慢有力，常在水面上空翱翔。善游泳。主要以鱼类为食，也捕食甲壳类、蛙、蜥蜴、蛇等动物。采用换孵方式孵卵。繁殖期 3 ~ 4 月，窝卵数通常 3 ~ 4 枚。

77 卷羽鹈鹕 *Pelecanus crispus*

英文名 Dalmatian Pelican

别　名 无

分类地位 鹈形目（Pelecaniformes）、鹈鹕科（Pelecanidae）

保护级别 国家一级

形态特征 大体型水鸟，体长 160 ~ 180 cm。体羽主要为银白色，杂灰色。背、肩、翅覆羽和短的尾上覆羽具黑色羽轴。初级飞羽和初级覆羽黑色，初级飞羽基部白色。外侧次级飞羽褐色，具白色宽羽缘；内侧次级飞羽为斜行的褐色，端部一半处具白色羽缘。前额羽呈星月形。颈背冠羽呈散乱的卷曲状。颊、眼周裸露皮肤和喉囊黄色或橘黄色，繁殖季节为橙红色。虹膜白色或黄白色；嘴铅灰色，嘴尖和上下嘴缘后半段黄色；脚和趾灰色或铅色。

识别要点 颈背冠羽呈散乱的卷曲状；喉囊橘黄色或黄色；脚灰色。

生　境 常栖息于内陆湖泊、江河与沼泽，以及沿海地带。

生活习性 喜群居。善游泳、陆地行走。主要以鱼类为食，也捕食甲壳类、软体动物、两栖动物等。繁殖期 4 ~ 6 月，窝卵数通常 3 ~ 4 枚。

78 鹗　*Pandion haliaetus*

英 文 名　Osprey

别　　名　鱼鹰

分类地位　鹰形目（Accipitriformes）、鹗科（Pandionidae）

保护级别　国家二级

形态特征　中等体型猛禽，体长 51 ~ 65 cm，体重 1 000 ~ 1 750 g。前额、头顶、枕和头侧均为白色。前额和头顶中央具黑褐色细纵纹，枕部羽毛披针形，形成短羽冠。眼周裸露皮肤铅黄绿色。自前额基部两侧各具 1 条黑色宽带斑，经眼和耳羽到颈侧，并与后颈的黑色连接。背、肩、腰和尾上覆羽均为暗褐色，微具紫色光泽和淡棕色端缘；外侧初级飞羽黑褐色，内侧初级飞羽、次级飞羽和三级飞羽均为褐色；翅上覆羽暗褐色，具黄褐色或棕白色羽缘。尾黑褐色，具白色端斑；外侧尾羽内翈白色，具暗褐色横斑。颏、喉部微具暗褐色细羽干纹，胸具暗红褐色或黄褐色纵纹，翼下覆羽白色，具暗色斑点。虹膜淡黄色或橙黄色；嘴黑色，蜡膜铅蓝色；脚和趾黄色，爪黑色。

识别要点　头顶白色，具黑褐色细纵纹，枕部具短羽冠。过眼纹黑色。上体暗褐色，翼下覆羽白色。嘴黑色；脚黄色，爪黑色。

生　　境　常栖息于湖泊、河流、海岸等水域，多在山地森林中的河谷或有树木的水域地带活动。

生活习性　常单独或成对活动，迁徙期间也常集成 3 ~ 5 只的小群。主要以鱼类为食，有时会捕食蛙、蜥蜴、鸟类等食物。窝卵数通常 2 ~ 3 枚。

79 黑翅鸢 *Elanus caeruleus*

英 文 名 Black - winged Kite

别　　名 灰鹞子

分类地位 鹰形目（Accipitriformes）、鹰科（Accipitridae）

保护级别 国家二级

形态特征 小型猛禽，体长 31 ~ 34 cm。眼先和眼上具黑斑，前额白色，到头顶逐渐变为灰色。后颈、背、肩、腰，直到尾上覆羽均为灰色。翅上小覆羽和中覆羽黑色，大覆羽后缘蓝灰色，初级飞羽暗灰色。中央尾羽灰色，尖端沙皮黄色，两侧灰白色。整个下体和翅下覆羽白色，但初级飞羽下表面黑色，次级飞羽灰色，具淡色尖端。跗跖前面一半被羽，一半裸露。尾白色，中间稍凹，呈浅叉状。虹膜红色；嘴黑色，蜡膜和口角淡黄色；脚和趾黄色，爪黑色。

识别要点 头顶、后颈、背、尾上覆羽和中央尾羽均为灰色。前额、头部两侧至下体和尾均为白色，翅端黑色。虹膜红色。嘴黑色。

生　　境 常栖息于有树木和灌木的开阔原野、农田、疏林和草原地带。

生活习性 常单独在早晨和黄昏活动。主要以田间鼠类、昆虫、小鸟、野兔和爬行类为食。停留在电线杆上和高大树木顶端等待过往猎物，突然俯冲捕食；有时在天空盘旋、滑翔，发现猎物俯冲而下捕食。窝卵数通常 3 ~ 5 枚。

80 凤头蜂鹰 *Pernis ptilorhynchus*

英文名 Oriental Honey Buzzard

别　名 八角鹰、雕头鹰、蜜鹰

分类地位 鹰形目（Accipitriformes）、鹰科（Accipitridae）

保护级别 国家二级

形态特征 中等体型猛禽，体长 50～60 cm，体重 1 000～1 800 g。雄鸟前额和头侧烟灰色，头顶黑褐色，头后及枕部羽毛延长成黑色短羽冠；后颈褐色，羽毛基部为白色。上体和翅表面暗褐色；尾灰色，具黑褐色宽端斑，基部具一宽一窄 2 道黑褐色横斑；初级飞羽基部白色，具褐色横斑；所有初级飞羽尖端均为黑色；次级飞羽暗褐色，微缀白色，具黑褐色横斑和波浪形褐色窄横带。颏灰色，喉白色，喉和颊的黑色条纹在喉下部汇成宽黑线；其余下体白色，具红褐色横斑和黑褐色窄羽轴纹；两腿覆羽、翅下覆羽和尾下覆羽均为茶黄褐色，具黑色羽轴纹。雌鸟通体暗褐色，上体较深，下体较淡，具黑色羽干纹；头顶暗栗褐色，头侧被圆而短的褐色鳞状羽；喉灰色；背及翅上覆羽暗褐色，大覆羽羽端灰白色，外侧飞羽黑褐色，其余飞羽灰褐色，尾灰褐色；颏、喉、胸具黑褐色条纹。虹膜金黄色或橙红色；嘴黑色，上喙具弧形垂突，基部具蜡膜或须状羽；脚和趾黄色，爪黑色。

识别要点 头后及枕部羽毛较长，形成黑色短羽冠。上喙具弧形垂突，基部具蜡膜或须状羽。喉和颊的黑色条纹在喉下部汇成宽黑线。上体从白色至暗褐色，下体白色，具红褐色横斑和黑褐色窄羽轴纹。

生　境 常栖息于阔叶林、混交林和林缘地带，有时也见于村庄、农田和果园等地方。

生活习性 常单独活动。善飞行，可滑翔。主要以蜂类为食，偶尔也捕食蛙、蛇类、蜥蜴、鸟、鸟卵和幼鸟、小型哺乳动物等。繁殖期 4～6 月，窝卵数通常 2～3 枚。

81 褐冠鹃隼 *Aviceda jerdoni*

英 文 名 Jerdon’s Baza

别　　名 无

分类地位 鹰形目（Accipitriformes）、鹰科（Accipitridae）

保护级别 国家二级

形态特征 中等体型猛禽，体长 46~48 cm。雄鸟头顶中央、枕和后颈均为黑色，枕部具明显的黑褐色冠羽，端部白色。头顶两侧和后颈黑色，具红褐色宽羽缘；眼先和头两侧灰色，并杂有红褐色。背至腰暗褐色；肩、最内侧次级飞羽和尾上覆羽具明显的深褐色横斑；尾褐色；翅暗褐色，大覆羽和飞羽具黑色横带，飞羽内翈白色。颏、喉赤褐色，中部白色，其上具白色中央线；前颈和上胸红褐色，具黑色羽轴纹，基部具白色羽缘；其余下体具红褐色和白色相间排列的横带。雌鸟和雄鸟基本相似，但上体较淡，下体乳白色或茶黄色；颏、喉和胸具淡红褐色条纹。虹膜金黄色；嘴铅黑色；脚和趾黄色或蓝白色，爪黑色。

识别要点 雄鸟头顶中央、枕和后颈均为黑色，枕部具黑褐色冠羽。颏、喉赤褐色，中间白色，其上具白色中央线。雌鸟额和头顶前面两侧淡茶黄色，具红褐色条纹；颏、喉和胸具淡红褐色条纹。嘴铅黑色。脚黄色或蓝白色，爪黑色。

生　　境 常栖息于山地森林和林缘地区。

生活习性 常单独活动。早晨和黄昏活动频繁。主要以昆虫及其幼虫、蛙、蜥蜴、蝙蝠等动物为食。繁殖期 4 ~ 6 月，窝卵数通常 2 ~ 3 枚。

82 黑冠鹃隼　*Aviceda leuphotes*

英 文 名　Black Baza

别　　名　无

分类地位　鹰形目（Accipitriformes）、鹰科（Accipitridae）

保护级别　国家二级

形态特征　中等体型猛禽，体长 30 ~ 33 cm。头、颈、背、腰、尾上覆羽和尾羽均为黑色，具蓝色金属光泽；头顶具长而竖直的蓝黑色冠羽。背羽基部白色，肩白色；内侧初级飞羽具栗色羽缘；雄鸟次级飞羽外翈银灰色，雌鸟黑色；三级飞羽内翈主要为白色，外翈具栗色斑。喉黑色，上胸具新月形宽白斑；下胸和腹两侧具白色和栗色横斑；腹中部、尾下覆羽和腿覆羽黑色；飞羽和尾羽下面银灰色，翅下覆羽和腋羽黑色。虹膜褐色；嘴铅色，尖端黑色；脚铅色；爪黄褐色。

识别要点　头、喉、颈、背、腰、尾上覆羽和尾羽均为黑色，头顶具蓝黑色冠羽。上体和尾黑色。上胸具新月形宽白斑，下胸和腹侧具白色和栗色横斑。虹膜褐色。嘴和脚铅色。

生　　境　常栖息于平原、低山丘陵和高山森林地带，也见于疏林草坡、村庄和林缘田间地带。

生活习性　常单独活动，有时成 3 ~ 5 只的小群。性警觉、胆小。头上羽冠经常忽而耸立，忽而落下。清晨和黄昏活动频繁。主要以蝗虫、蚱蜢、蚂蚁等昆虫为食，也取食蛙、蜥蜴、蝙蝠、鼠类等动物。繁殖期 4 ~ 7 月，窝卵数通常 2 ~ 3 枚。

83 秃鹫 *Aegypius monachus*

英 文 名 Cinereous Vulture

别　　名 狗头鹫、狗头雕、座山雕

分类地位 鹰形目（Accipitriformes）、鹰科（Accipitridae）

保护级别 国家一级

形态特征 大体型猛禽，体长 108 ~ 116 cm，体重 5 750 ~ 9 200 g。头侧、颊、耳区具稀疏的黑褐色毛状短羽；眼先被黑褐色纤羽；额至后枕具深褐色绒羽，头后绒羽长而致密，羽色较淡；头裸露，皮黄色。后颈上部裸露，灰蓝色，颈基部具黑色或白色绒羽领。喉及眼下黑色；两翼长而宽，前后翼缘平行，飞羽常散开；上体自背至尾上覆羽深褐色；初级飞羽黑褐色，具金属光泽；翅上覆羽和其余飞羽暗褐色。尾短，深褐色，羽轴黑色，呈楔形。下体深褐色，前胸密被黑褐色毛状绒羽，两侧各具 1 束蓬松的矛状长羽；腹缀淡色纵纹；肛周及尾下覆羽淡灰褐色或褐白色；腿覆羽暗褐色至黑褐色。虹膜褐色；嘴大，铅灰色；嘴端黑褐色，蜡膜浅蓝色；跗跖和趾灰色；爪黑色。

识别要点 体羽深褐色；颈部灰蓝色；头裸露，皮黄色；喉及眼下黑色；尾短，呈楔形；嘴铅灰色，蜡膜浅蓝色。

生　　境 常栖息于低山丘陵、高山荒原与森林中的山谷溪流和林缘地带。

生活习性 常单独活动，也成 3 ~ 5 只小群、10 多只的大群。白天活动。翱翔和滑翔时两翅平伸。多站于突出的岩石上、电线杆上或树顶枯枝上休息。主要以大型动物的尸体和其他腐烂动物为食，能够主动攻击两栖类、爬行类、鸟类和小型兽类等动物，有时也袭击家畜。繁殖期 3 ~ 5 月，窝卵数通常 1 枚。

84 蛇雕 *Spilornis cheela*

英文名 Crested Serpent Eagle

别　名 蛇鹰、白腹蛇雕

分类地位 鹰形目（Accipitriformes）、鹰科（Accipitridae）、海南特有亚种

保护级别 国家二级

形态特征 中等体型猛禽，体长 59 ~ 64 cm，体重 1 150 ~ 1 700 g。前额白色，头顶黑色，羽基白色。枕部具黑白的圆形羽冠；上体灰色或暗褐色，具白色或淡棕黄色窄羽缘；两翼宽、圆，翅上小覆羽褐色或暗褐色，具白色斑点；飞羽暗褐色，具白色羽缘和淡褐色横斑。喉和胸灰褐色或黑色，具淡色或暗色虫蠹状斑；尾黑色，具白色或灰白色宽的中央横带和窄的白色尖端；其余下体褐色，腹部、两胁及臀部具白色点斑；翼下覆羽和腋羽皮黄褐色，具白色圆形细斑。虹膜黄色；嘴黄色，先端较暗，蜡膜铅灰色或黄色；跗跖裸出，被网状鳞，黄色；趾黄色；爪黑色。

识别要点 枕部具黑白的圆形羽冠。上体暗褐色或灰色，下体褐色，腹部、两胁及臀部具白色点斑。飞羽暗褐色，羽端具白色羽缘。尾黑色，具白色或灰白色宽的中央横带。

生　境 常栖息和活动于山地森林及其林缘开阔地带。

生活习性 单独或成对活动。常在高空翱翔和盘旋。主要以蛇类为食，也捕食甲壳动物、蛙、蜥蜴、鼠类、鸟类等。繁殖期 4 ~ 6 月，窝卵数 1 枚。

85 棕腹隼雕 *Lophotriorchis kienerii*

英 文 名 Rufous－bellied Hawk Eagle

别　　名 黄腹雕、棕嘴雕

分类地位 鹰形目（Accipitriformes）、鹰科（Accipitridae）

保护级别 国家二级

形态特征 中等体型猛禽，体长50～54 cm。头顶具黑色羽冠，前额、头顶、后颈及头侧均为黑色，微具金属光泽。上体黑色，喉部和上胸白色，具少许黑色细纵纹。其余下体为棕栗色，下胸具黑色纵纹，尾羽暗灰褐色，具暗色横斑。飞行时初级飞羽基部可见1个大圆形淡色斑。虹膜暗褐色；嘴铅灰色，尖端黑色，蜡膜黄色；脚和趾为暗黄色。

识别要点 头顶具黑色羽冠。上体黑色，喉和上胸白色，具少许黑色细纵纹；下体棕栗色，下胸具黑色纵纹。尾羽暗灰褐色，具暗色横斑。

生　　境 常栖息于低山和山脚地带的阔叶林和混交林中。

生活习性 常单独活动。能长时间站在树上或地面草丛。飞行时两翅扇动频繁，速度极快且灵活。主要以鸟类、鼠类等动物为食。常隐蔽在树丛或草丛中等待猎物，然后突然捕食；有时停留在孤立的树上或在上空寻找猎物，然后俯冲捕捉。

86 林雕　*Ictinaetus malaiensis*

英 文 名　Black Eagle

别　　名　树雕、树鹰

分类地位　鹰形目（Accipitriformes）、鹰科（Accipitridae）

保护级别　国家二级

形态特征　大体型猛禽，体长 65 ~ 76 cm，体重约 1 125 g。通体深褐色，嘴较小，上嘴缘几乎是直的，鼻孔宽，呈半月形，斜；眼先暗白色，眼下具 1 块白斑；两翼后缘近身体处明显内凹，翼基部明显窄，翼后缘突出。下体黑褐色，具灰色稀疏横斑，但较上体稍淡，胸、腹具粗的暗褐色纵纹。初级飞羽基部具明显浅色斑块；尾长而宽，暗褐色，具浅灰色横纹；尾上覆羽较淡，具白色横斑。飞行时两翅宽长，翅基较窄，后缘略微突出，尾羽具多条淡色横斑和黑色宽端斑。停息时，两翅比尾长。跗跖被羽，尾羽较长而窄，呈方形。趾黄色，外趾及爪均短小，爪微弯曲，内爪比后爪长；嘴铅色，尖端黑色，蜡膜黄色。

识别要点　体深褐色。下体具灰色稀疏横斑。尾长而宽，具浅灰色横纹。初级飞羽基部具明显浅色斑块。飞行时两翅宽长，基部较窄。

生　　境　常栖息于中低山地区的阔叶林和混交林地区。

生活习性　飞行时两翅扇动缓慢；有时在森林上空盘旋和滑翔。主要以蛙、蜥蜴、蛇类、小鸟和鸟卵、雉鸡、鼠类及昆虫等动物为食。

87 鹰雕 *Nisaetus nipalensis*

英 文 名 Mountain Hawk Eagle

别　　名 熊鹰、赫氏角鹰

分类地位 鹰形目（Accipitriformes）、鹰科（Accipitridae）、海南特有亚种

保护级别 国家二级

形态特征 大体型猛禽，体长 64 ~ 84 cm。头顶和羽冠黑色，基部棕白色，长的冠羽尖端较淡；耳覆羽和颈侧具黑褐色和茶黄褐色纵纹。上体褐色，翅上覆羽具白色羽缘和尖端，中覆羽和大覆羽淡褐色，腰和尾上覆羽具淡白色横斑；尾具暗褐色和灰白色相间的横斑。颏、喉白色，具黑褐色或黑色中央纵纹；上胸和前颈白色，具黑色宽条纹；其余下体褐色，胸淡褐色，腹、两胁和尾下覆羽具白褐相间的横斑和褐色羽轴纹。跗跖被羽，与腿覆羽类似，具淡褐色和白色相间的窄横斑；尾羽具黑白相间的宽横斑；飞羽上面具暗灰色和黑色横斑；下面具黑色和白色横斑；翅下覆羽和腋羽具黑白相间的横斑。虹膜金黄色；嘴黑色，蜡膜黑灰色；脚和趾黄色，爪黑色。

识别要点 头顶具黑色羽冠。上体褐色，腰部和尾上覆羽具淡白色横斑。尾羽具黑白相间的宽横斑；喉和胸部为白色。头侧、颈侧和胸部具黑色条纹。跗跖被羽，具淡褐色和白色相间的窄横斑。

生　　境 常栖息于阔叶林和混交林的林缘，也见于开阔的农田和疏林。

生活习性 常单独活动。昼行性。飞行时两翅平伸，扇动较慢，有时在高空盘旋。主要以鸡形目鸟类、鼠类、野兔等动物为食，也捕食昆虫。繁殖期 4 ~ 6 月，窝卵数通常 2 枚。

88 草原雕 *Aquila nipalensis*

英 文 名 Steppe Eagle

别　　名 大花雕、角鹰

分类地位 鹰形目（Accipitriformes）、鹰科（Accipitridae）

保护级别 国家一级

形态特征 大体型猛禽，体长 70 ~ 82 cm，体重 2 000 ~ 2 900 g。体色变化较大，有淡灰褐色、褐色、棕褐色、土褐色、暗褐色。体羽以褐色为主，上体土褐色，头顶较暗。飞羽黑褐色，杂以较暗的横斑，外侧初级飞羽内翈基部具褐色与污白色相间的横斑。飞行时飞羽腹面具棕黑相间的横斑，滑翔时两翅平伸，略微向上抬起。虹膜黄褐色和暗褐色；嘴黑褐色，蜡膜暗黄色；趾黄色，爪黑色。

识别要点 体色变化较大，以褐色为主。上体土褐色，头顶较暗。飞羽黑褐色，杂以较暗的横斑，外侧初级飞羽内翈基部具褐色与污白色相间的横斑，飞行时飞羽腹面具棕黑相间的横斑。

生　　境 常栖息于开阔的草原、草地、荒漠和低山丘陵等地带。

生活习性 白天活动，主要以沙蜥、草蜥、蛇、鸟类、黄鼠、跳鼠、沙土鼠、鼠兔、旱獭、野兔等动物为食，也取食动物尸体和腐肉。常在猎物栖息的洞口等候，然后突然捕食。繁殖期 4 ~ 6 月，窝卵数通常 1 ~ 3 枚。

89 白肩雕 *Aquila heliaca*

英 文 名 Imperial Eagle

别　　名 御雕

分类地位 鹰形目（Accipitriformes）、鹰科（Accipitridae）

保护级别 国家一级

形态特征 大体型猛禽，体长 73～84 cm，体重约 1 125 g。前额至头顶为黑褐色，头后部、枕、后颈和头侧棕褐色，后颈缀黑褐色细羽干纹。上体至背、腰和尾上覆羽均为黑褐色，微缀紫色光泽；肩部具明显的长白斑；尾羽灰褐色，具不规则的黑褐色横斑和斑纹，并具黑色宽端斑；翅上覆羽黑褐色，初级飞羽黑褐色，次级飞羽暗褐色。下体自颏、喉、胸、腹、两胁和腿覆羽均为黑褐色，尾下覆羽淡黄褐色，微缀暗褐色纵纹，翅下覆羽和腋羽亦为黑褐色，跗跖被羽。虹膜红褐色；嘴黑褐色，嘴基铅蓝灰色，蜡膜黄色；趾黄色，爪黑色。

识别要点 体羽黑褐色，头和颈部色较淡，肩部具长白斑。尾下覆羽淡黄褐色。

生　　境 常栖息于海拔 2 000 m 以下的山地森林地带，偏好混交林和阔叶林处河谷、沼泽、草地和林间空地等开阔地带。

生活习性 常单独活动。能长时间停留在树上、岩石和地面上。白天觅食。主要以鸟类、啮齿类和中小型哺乳动物为食，也取食爬行类动物的尸体。常站在岩石上、树上或地上等待猎物出现，然后突然捕食，也常在低空和高空寻找猎物。繁殖期 4～6 月，窝卵数通常 2～3 枚。

90 白腹隼雕 *Aquila fasciata*

英 文 名 Bonelli's Eagle

别　　名 白腹山雕

分类地位 鹰形目（Accipitriformes）、鹰科（Accipitridae）

保护级别 国家二级

形态特征 大体型猛禽，体长 67 ~ 73 cm，体重 1 500 ~ 2 100 g。雄鸟头顶和后颈棕褐色，颈侧和肩部羽缘灰白色，上体暗褐色，羽基白色，尾上覆羽具白色波浪形斑；尾较长，灰色。翅灰褐色，翅下覆羽黑色，翼缘白色，飞羽内翈白色，具波形暗色横斑。下体白色，沾有淡栗褐色；尾下覆羽具淡褐色横斑；腿羽淡褐色，具暗褐色横斑；跗跖被羽褐色，基部白色。雌鸟下体纯白色，具暗褐色窄羽轴纹，其余和雄鸟相似。虹膜淡褐色；嘴蓝色，尖端黑色，蜡膜黄色；趾柠檬黄色，爪黑色。

识别要点 上体暗褐色，头顶和后颈棕褐色。颈侧和肩部羽缘灰白色，飞羽灰褐色。尾羽灰色，较长。下体白色，沾有淡栗褐色。

生　　境 常栖息于海岸、山脚下平原、河谷、沼泽、半荒漠地区。

生活习性 常单独活动。性大胆、凶猛。飞行速度快，常在低空飞行。主要以水鸟、鸡类、岩鸽、斑鸠、鸦类、鼠类等动物为食。繁殖期 3 ~ 5 月，窝卵数通常 1 ~ 3 枚。

91 凤头鹰 *Accipiter trivirgatus*

英 文 名 Crested Goshawk

别　　名 凤头苍鹰

分类地位 鹰形目（Accipitriformes）、鹰科（Accipitridae）

保护级别 国家二级

形态特征 中等体型猛禽，体长 40 ~ 48 cm，体重约 370 g。雄鸟前额、头顶、后枕及冠羽均为黑灰色；头和颈侧较淡，具黑色羽干纹。颈前白色；上体深灰褐色，尾覆羽尖端白色；尾淡褐色，具白色端斑和 4 道明显的暗褐色横斑；飞羽具暗褐色横斑，内翈基部白色。下体棕色，颏、喉和胸白色，颏和喉具 1 条黑褐色中央纵纹；尾下覆羽白色；胸部具白色纵纹；腹部及腿白色，具黑色粗横斑。雌鸟显著大于雄鸟。雌鸟及亚成体下体纵纹及横斑均为褐色，上体褐色较淡。虹膜金黄色；嘴角褐色或铅色，嘴黑色；蜡膜黄绿色；脚和趾淡黄色，爪角黑色。

识别要点 雄鸟上体深灰褐色；前额、头顶、后枕及冠羽均为黑灰色；下体棕色，胸部具白色纵纹；腹部及腿白色，具黑色粗横斑。雌鸟及亚成体下体纵纹及横斑均为褐色，上体褐色较淡。

生　　境 常栖息于海拔 2 000 m 以下的山地森林和山脚林缘地带。

生活习性 多单独活动。性机警，善隐藏。日出性。领域性强。能利用热气流盘旋和翱翔。主要以昆虫、蛙、蜥蜴、鼠类等动物为食。繁殖期 4 ~ 7 月，窝卵数通常 2 ~ 3 枚。

92 褐耳鹰 *Accipiter badius*

英 文 名 Shikra

别　　名 褐耳苍鹰、棕耳苍鹰、褐耳雀鹰

分类地位 鹰形目（Accipitriformes）、鹰科（Accipitridae）

保护级别 国家二级

形态特征 小体型猛禽，体长 21 ~ 44 cm。雄鸟上体蓝灰色；头灰白色；颊灰色缀棕色；后颈具 1 条红褐色领圈；初级飞羽黑色，尖端黑色，内翈基部白色，具黑褐色横斑。喉部白色，具浅色细纵纹；胸和腹具棕色和白色细窄横纹；尾下覆羽白色。除中央和外侧的 1 对尾羽外，其余尾羽具 5 条黑褐色横斑和淡白色端斑。雌鸟和雄鸟基本相似，但上体褐色，喉浓灰色，中央具 1 对尾羽，具明显的黑褐色亚端斑，其余尾羽具明显的横带。虹膜金黄色；嘴石板蓝色，尖端黑色，基部较淡，嘴角黄色，蜡膜亮黄色到橙色；脚和趾黄色，爪黑色。

识别要点 雄鸟上体蓝灰色，初级飞羽黑色；喉部白色，具浅色细纵纹；胸、腹具棕色和白色细窄横纹。雌鸟背部褐色，喉部浓灰色。

生　　境 常栖息于山地和平原森林及稀疏树木的农田、草地、林缘、稀树草坡，常在林中或林缘河流、湖泊等水边地带活动。

生活习性 常单独活动。昼行性。视觉敏锐。在空中发现猎物，迅速捕捉，带到僻静处撕食。主要以昆虫、蛙、蜥蜴、小鸟、鼠类等动物为食。繁殖期 4 ~ 7 月，窝卵数通常 3 ~ 4 枚。

93 赤腹鹰 *Accipiter soloensis*

英 文 名 Chinese Goshawk

别　　名 鹅鹰、鸽子鹰

分类地位 鹰形目（Accipitriformes）、鹰科（Accipitridae）

保护级别 国家二级

形态特征 中等体型猛禽，体长 26 ~ 36 cm，体重 108 ~ 132 g。雄鸟上体淡蓝灰色，眼先基部白色；头侧淡灰色，头顶较暗。初级飞羽黑色，枕和后颈基部羽毛白色；次级和初级飞羽内翈基部白色；中央尾羽淡灰白色，尖端稍暗，其余尾羽灰色，具 4 ~ 5 道暗色横斑，内翈基部白色；喉乳白色，具极窄且模糊的淡灰色羽轴纹；胸淡粉红色；腹淡粉黄白色或白色；翼下覆羽乳白色；两胁粉红灰色；腿覆羽淡灰色，尖端白色；腋羽白色，微缀黄色；尾下覆羽白色。雌鸟上体较雄鸟暗灰，尾具明显的 5 道横斑，喉、下腹、腿覆羽和翅下覆羽淡黄色，喉具灰色羽干纹，胸、上腹和两胁暗红褐色，胸和腹具灰色横斑，翅下覆羽和飞羽下表面暗皮黄色。虹膜淡黄色或黄褐色；嘴黑色，下嘴基部淡黄色，蜡膜黄色；脚和趾橘黄色或肉黄色，爪黑色。

识别要点 雄鸟头至背淡蓝灰色；下体白色，外侧尾羽具 4 ~ 5 道暗色横斑。雌鸟体色稍深，胸暗红褐色，且有较多的灰色横斑。

生　　境 常栖息于山地森林和林缘地带，也见于低山丘陵和山麓平原的丛林、农田地缘和村庄附近。

生活习性 常单独或成小群活动。日出性。领域性强。性机警，善隐藏。能利用热气流盘旋和翱翔。主要以蛙、蜥蜴等动物为食，也捕食昆虫、小型鸟类和鼠类。常站在高处，发现猎物后，突然俯冲捕食。繁殖期 5 ~ 7 月，窝卵数通常 2 ~ 5 枚。

94 日本松雀鹰 *Accipiter gularis*

英文名 Japanese Sparrowhawk

别　名 无

分类地位 鹰形目（Accipitriformes）、鹰科（Accipitridae）

保护级别 国家二级

形态特征 小体型猛禽，体长 25 ~ 34 cm，体重 75 ~ 173 g。雄鸟头两侧淡灰色，具 1 条黑灰色窄细中央纹；上体和翅表面深灰色，枕和后颈羽毛基部白色，肩羽基部具白色宽斑。三级飞羽内翈大部分为白色，仅尖端和外翈灰色；初级飞羽内翈和次级飞羽淡灰色，基部白色，初级飞羽尖端黑色并具黑灰色横斑；尾灰褐色，具 3 道黑色横纹和 1 道黑色宽端纹。胸部浅棕色；腹部具极细羽干纹；尾下覆羽白色；腿覆羽淡灰色缀葡萄粉红色横斑；翅下覆羽白色，具灰色斑点；腋羽白色，具灰色横斑。雌鸟上体褐色，下体棕色少，但具浓密褐色横斑。虹膜雄鸟深红色，雌鸟黄色；嘴蓝灰色，尖端黑色，蜡膜黄绿色；脚黄绿色，爪黑色。

识别要点 雄鸟上体深灰色，胸部浅棕色，腹部具极细羽干纹，颈部无明显长纵纹，尾灰褐色，尾下覆羽白色。雌鸟上体褐色，下体具浓密褐色横斑。

生　境 常栖息于山地针叶林和混交林中，也见于林缘和疏林高大树木的顶枝。

生活习性 多单独活动。飞行时两翅扇动极快，能直线滑翔。主要以山雀、莺类等小型鸟类为食，也捕食昆虫，以及蜥蜴、石龙子等动物。繁殖期 5 ~ 7 月，窝卵数通常 5 ~ 6 枚。

95 松雀鹰 *Accipiter virgatus*

英 文 名 Besra

别　　名 松子鹰、雀鹞

分类地位 鹰形目（Accipitriformes）、鹰科（Accipitridae）

保护级别 国家二级

形态特征 小体型猛禽，体长 28 ~ 38 cm，体重 150 ~ 192 g。雄鸟头顶至后颈石板黑色，头顶缀有棕褐色；眼先白色；头侧、颈侧和其余上体深灰色；颈项和后颈基部羽白色；背褐色；肩和三级飞羽基部具白斑，尾和尾上覆羽灰褐色，尾羽具 4 道黑褐色粗横斑。下体白色，颏和喉为白色，具 1 条宽的黑褐色中央纵纹；胸和两胁棕色，具褐色宽横斑；腹白色，具灰褐色横斑；腿羽白色，具灰褐色横斑。尾下覆羽白色。雌鸟和雄鸟相似，上体褐色，头暗褐色；下体白色，多具红褐色横斑；喉部中央具黑色宽中央纹；胸具褐色纵纹；腹和两胁具横斑；尾褐色，具深色横纹。虹膜、腿和脚黄色，蜡膜灰色，嘴黑色，基部为铅蓝色，尖端黑色。

识别要点 雄鸟上体深灰色，尾羽具粗横斑；下体白色，两胁棕色，具褐色横斑；喉白色，具黑褐色中央纵纹。雌鸟下体多具红褐色横斑，尾褐色，具深色横纹。

生　　境 常栖息于常绿阔叶林及开阔的林缘疏林地。

生活习性 常单独或成对活动。性机警。善滑翔。主要以小鸟为食，也捕食蝗虫、蚱蜢、甲虫等昆虫，以及蜥蜴和小型鼠类等。繁殖期 4 ~ 6 月，窝卵数通常 3 ~ 4 枚。

96 雀鹰 *Accipiter nisus*

英文名 Eurasian Sparrowhawk

别　名 无

分类地位 鹰形目（Accipitriformes）、鹰科（Accipitridae）

保护级别 国家二级

形态特征 小体型猛禽，体长 31 ~ 41 cm，体重 130 ~ 300 g。雄鸟眼先灰色，具黑色刚毛；头侧和脸棕色，具暗色羽干纹。头顶、枕和后颈较暗，前额微具棕色；上体灰褐色；后颈羽基白色，其余上体自背至尾上覆羽暗灰色；翅短，初级飞羽暗褐色，内翈白色，具黑褐色横斑；翅上覆羽暗灰色。下体白色或淡灰白色，具细密的红褐色横斑；颏和喉满布褐色羽干细纹；胸、腹和两胁具红褐色横斑；尾下覆羽白色，翅下覆羽和腋羽白色或乳白色，具暗褐色或棕褐色细横斑；尾羽灰褐色，具 4 ~ 5 道黑褐色横斑。雌鸟体型大于雄鸟；雌鸟上体褐色；前额乳白色或缀有淡棕黄色；头顶至后颈灰褐色或灰色；上体自背至尾上覆羽灰褐色或褐色；尾上覆羽通常具白色羽尖；尾羽和飞羽暗褐色；头侧和脸乳白色，微沾淡棕黄色，并缀有暗褐色细纵纹；翅短。下体白色，颏和喉部具暗褐色宽纵纹，胸、腹和两胁及腿覆羽均具灰褐色横斑，其余似雄鸟。虹膜橙黄色；嘴暗铅灰色，尖端黑色，基部黄绿色；蜡膜黄色或黄绿色；脚和趾橙黄色，爪黑色。

识别要点 雄鸟上体灰褐色，下体白色或淡灰白色，具细密的红褐色横斑；尾羽具 4~5 道黑褐色横斑。雌鸟上体褐色，下体白色；胸、腹部及腿覆羽具灰褐色横斑。

生　境 常栖息于林缘、河谷、次生林和农田附近的小块丛林地带。

生活习性 常单独活动。日出性。飞行能力强，速度快。能在树丛间穿行飞翔。主要以昆虫、雀形目鸟类和鼠类等为食，也捕食鸠鸽类和鹑鸡类等体型稍大的鸟类、野兔、蛇等。繁殖期 5 ~ 7 月，窝卵数通常 3 ~ 4 枚。

97 苍鹰 *Accipiter gentilis*

英 文 名 Northern Goshawk

别　　名 鹰

分类地位 鹰形目（Accipitriformes）、鹰科（Accipitridae）

保护级别 国家二级

形态特征 中等体型猛禽，体长 46 ~ 60 cm，体重 500 ~ 1 100 g。前额、头顶、枕和头侧均为黑褐色，枕部具白色羽尖；眉纹白，具黑色羽干纹；耳羽黑色；上体到尾灰褐色；颏、喉和前颈均具黑褐色细纵纹，胸、腹密布灰褐色和白色相间的横纹。尾略长，呈方形，灰褐色，具 4 条黑色宽横斑。飞羽具暗褐色横斑，内翈基部具白色块斑；初级飞羽第 4 枚最长，第 1 ~ 5 枚内翈内凹，第 2 ~ 6 枚外翈内凹。肛周和尾下覆羽白色。飞行时翼下白色，密布黑褐色横斑。雌鸟体型显著大于雄鸟。雌鸟羽色与雄鸟相似，但较暗。虹膜金黄色或黄色，蜡膜黄绿色；嘴黑色，基部沾蓝色；脚和趾黄色；爪黑色；跗跖前后缘均为盾状鳞。

识别要点 头顶、枕和头侧均为黑褐色，枕部具白色羽尖；眉纹白色杂黑；胸密布灰褐色和白色相间的横纹；尾方形，灰褐色，具 4 条黑色宽横斑。

生　　境 常栖息于疏林、林缘和灌丛地带。次生林中也较常见。

生活习性 常单独活动，善于飞翔。白天活动。性甚机警，善隐藏。翱翔时两翅水平伸直，或稍稍向上翘。主要以鼠类、野兔、雉类、榛鸡、鸠鸽类和其他中小型鸟类为食。繁殖期 4 ~ 7 月，窝卵数通常 2 ~ 4 枚。

98 白头鹞 *Circus aeruginosus*

英 文 名 Western Marsh Harrier

别　　名 无

分类地位 鹰形目（Accipitriformes）、鹰科（Accipitridae）

保护级别 国家二级

形态特征 中等体型猛禽，体长 49 ~ 60 cm，体重 530 ~ 740 g。雄鸟自头顶至后颈为皮黄色，缀深色细纵纹；眼先具黑色刚毛，眼周暗褐色，缀少许刚毛，耳覆羽乳白色，具黑褐色纵纹。颈具 1 圈黑褐色羽毛，缀乳黄白色羽缘，形成不甚明显的皱翎；背、肩、腰均为红棕色；尾长，尾上覆羽为白色，微缀棕褐色斑纹，尾羽灰色，端缘较浅淡；外侧尾羽基部和内翈羽缘白色。翅上小覆羽和内侧中覆羽皮黄色，缀黑褐色纵纹；初级覆羽和外侧大覆羽均为银灰色；其余翅上覆羽均为暗褐色，并缀棕色羽缘；外侧初级飞羽黑褐色，外翈缀银灰色，内翈基部黄白色；内侧初级飞羽淡灰褐色，次级飞羽灰色，内翈基部近白色。下体颏、喉和上胸均为淡黄色或皮黄色，具暗褐色纵纹，其余下体棕栗褐色或锈色。翅下覆羽近白色；腋羽淡栗褐色，具褐色纵纹或褐斑。雌鸟体型较大，整体深褐色，头至枕部和喉皮黄白色或淡黄白色，头顶具黑色细纵纹；飞羽和尾羽暗褐色，飞羽内翈较浅淡，基部具白斑；外侧尾羽内翈红褐色。

识别要点 雄鸟体羽红棕色，头部多皮黄色，具深色纵纹；眼先具黑色刚毛，眼周暗褐色；尾部长，灰色。雌鸟全身深褐色，头顶具黑色细纵纹；飞羽和尾羽暗褐色。

生　　境 常栖息于低山平原和低山丘陵地带，喜欢开阔地带。

生活习性 常单独或成对活动。多在水边草地或沼泽地低空飞行，两翅上举成“V”字形。主要以蛙、蜥蜴、小型鸟类（雏鸟、鸟卵）、小型啮齿类等动物为食。繁殖期 4 ~ 6 月，窝卵数通常 4 ~ 5 枚。

99 白腹鹞 *Circus spilonotus*

英 文 名 Eastern Marsh Harrier

别　　名 泽鹞

分类地位 鹰形目（Accipitriformes）、鹰科（Accipitridae）

保护级别 国家二级

形态特征 中等体型猛禽，体长 50 ~ 60 cm，体重 490 ~ 780 g。雄鸟头部顶端、侧面、后颈至上背均为白色，具黑褐色宽纵纹；眼先具黑色刚毛，耳羽黑褐色，羽缘皮黄色。肩、下背、腰均为深褐色，具灰白色斑点；尾上覆羽白色，具淡棕褐色横斑；尾羽银灰色，外侧尾羽内翈基部和羽端白色，具淡棕褐色斑；翅上小羽和初级覆羽外翈银灰色，内翈褐色沾灰色；内侧翅上覆羽与背同色，为黑色，具淡色羽缘；外侧 1 ~ 5 枚初级飞羽黑色，内翈基部白色，具黑褐色斑；其余初级飞羽、次级飞羽、翅上大覆羽和外侧中覆羽均为灰色，尖端较淡，具黑色亚端斑。下体白色，喉和胸具黑褐色纵纹，腿覆羽和尾下覆羽白色，具淡棕褐色斑或斑点，翼下覆羽和腋羽白色，腋羽具淡棕褐色横斑。雌鸟上体深褐色，具棕红色羽缘，头至后颈皮黄白色，具深褐色纵纹。飞羽深褐色，具淡色横斑，翅上覆羽暗褐色，具棕色羽缘。颏、喉、胸、腹均为皮黄白色或白色，具褐色宽羽干纹，腿覆羽和尾下覆羽白色，具淡棕褐色斑，尾羽黑褐色。虹膜橙黄色；嘴黑褐色，嘴基淡黄色，蜡膜暗黄色；脚淡黄绿色。

识别要点 雄鸟头顶至上背白色，具黑褐色宽纵纹。上体深褐色，具灰白色斑点，飞羽灰色。下体白色，喉和胸具黑褐色纵纹。雌鸟深褐色，头顶至后颈皮黄白色，具深褐色纵纹；飞羽深褐色，尾羽黑褐色。

生　　境 常栖息和活动于沼泽、芦苇塘、江河与湖泊沿岸等较潮湿而开阔的地方。

生活习性 常单独或成对活动。日行性。性机警而孤僻。飞翔时两翅上举成浅“V”字形，能长时间缓慢滑翔。主要以昆虫、蛙、蜥蜴、小型鸟类、啮齿类等动物为食。繁殖期 4 ~ 6 月，窝卵数通常 4 ~ 5 枚。

100 白尾鹞 *Circus cyaneus*

英文名 Hen Harrier

别 名 灰泽鹞、灰鹰

分类地位 鹰形目（Accipitriformes）、鹰科（Accipitridae）

保护级别 国家二级

形态特征 中等体型猛禽，体长 43 ~ 55 cm，体重 310 ~ 600 g。雄鸟前额污灰白色，头顶灰褐色，具暗色羽干纹；头后暗褐色，具棕黄色羽缘；耳羽后下方往下至颏，具 1 圈蓬松而稍卷曲的羽皱领，后颈蓝灰色，常缀以褐色或黄褐色羽缘。背、肩、腰均为蓝灰色，有时微沾褐色；尾上覆羽纯白色，中央尾羽银灰色，外侧尾羽白色，杂以暗灰褐色横斑；翅上覆羽银灰色，外侧 1 ~ 6 枚初级飞羽黑褐色，内翈基部白色，外翈羽缘和先端灰色，其余初级飞羽、次级飞羽和三级飞羽均为银灰色，内翈羽缘白色。颏、喉和上胸均为蓝灰色，其余下体纯白色。雌鸟上体暗褐色，头至后颈、颈侧和翅覆羽具棕黄色羽缘；耳后向下至颏部具 1 圈卷曲的淡色羽皱翎，尾上覆羽白色，中央尾羽灰褐色，外侧尾羽棕黄色，具黑褐色横斑。下体棕白色或皮黄白色，具红褐色粗纵纹，或为棕黄色，缀以暗棕褐色纵纹。虹膜黄色；嘴黑色，基部蓝灰色，蜡膜黄绿色；脚和趾黄色，爪黑色。

识别要点 雄鸟前额污灰白色，头顶灰褐色，具暗色羽干纹；头后暗褐色，具棕黄色羽缘；背、肩、腰均为蓝灰色；尾上覆羽纯白色，中央尾羽银灰色。雌鸟上体暗褐色，头至后颈、颈侧和翅覆羽具棕黄色羽缘；尾上覆羽白色，中央尾羽灰褐色，外侧尾羽棕黄色，下体棕白色或皮黄白色。

生 境 常栖息于低山平原丘陵地带的湖泊、沼泽、河谷等开阔地区，有时也见于村庄附近的水田、草坡和疏林地带。

生活习性 日行性，早晨和黄昏活动频繁。常沿地面低空飞行，飞行敏捷。飞行时两翅上举成“V”字形，并不时地抖动两翅，滑翔时两翅微向后弯曲。主要以昆虫、蛙、蜥蜴、小型鸟类、鼠类等动物性食物为食。常沿地面低空飞行搜寻猎物，发现后迅速捕食。繁殖期 4 ~ 7 月，窝卵数通常 4 ~ 5 枚。

101 草原鹞 *Circus macrourus*

英 文 名 Pallid Harrier

别　　名 草原鹰、白尾鹞、泽鹞、泽鵟

分类地位 鹰形目（Accipitriformes）、鹰科（Accipitridae）

保护级别 国家二级

形态特征 中等体型猛禽，体长 43～52 cm，体重 311～550 g。雄鸟眼先、前额、颊侧均为白色；耳羽灰色。上体灰色，除较年老个体外，头顶、背和翅上覆羽均为褐色；尾羽黑色，具灰色横斑，中央尾羽灰色，具暗色横斑，其余尾羽具灰色和白色相间横斑；第 1 枚初级飞羽银灰色，第 2～6 枚尖端黑色。颏、喉、上胸均为银灰色，其余下体白色。雌鸟体型大于雄鸟；雌鸟眼后暗褐色；颈部皱翎淡棕色，具暗色中央纹；上体暗褐色，头顶、枕、后颈均具淡棕色羽缘；前额和眉纹皮黄白色或棕色；尾上覆羽白色，具暗褐色横斑；中央尾羽、最外侧 1 对尾羽具暗褐色横斑；翅上覆羽具淡棕色羽缘；翅飞羽暗褐色，具窄的暗褐色横斑。下体、胸部皮黄白色，具棕褐色宽羽轴纹；腋羽和翅下覆羽白色、乳白色或淡棕色。虹膜黄色；嘴黑色，蜡膜黄绿色；脚和趾深黄色，爪黑色。

识别要点 雄鸟眼先、前额和颊侧均为白色。头顶、背和翅上覆羽均为褐色；颏、喉和上胸均为银灰色。雌鸟上体暗褐色，具淡棕色羽缘，各羽具暗褐色横斑；下体、颏和胸部皮黄白色，腹部和尾下覆羽白色。

生　　境 常栖息于低山丘陵和平原森林地区。

生活习性 主要以田鼠、黄鼠、跳鼠等啮齿类动物及蝗虫、蜥蜴、鸟类（鸟卵）、野兔为食。繁殖期 4～6 月，窝卵数通常 3～5 枚。

102 鹊鹞　*Circus melanoleucos*

英 文 名　Pied Harrier

别　　名　喜鹊鹞、喜鹊鹰、黑白尾鹞、花泽鵟

分类地位　鹰形目（Accipitriformes）、鹰科（Accipitridae）

保护级别　国家二级

形态特征　中等体型猛禽，体长 42 ~ 48 cm，体重 250 ~ 380 g。雄鸟头、颈、背、肩、外侧 6 枚初级飞羽和中覆羽均为黑色，内侧初级飞羽、次级飞羽和大覆羽均为灰色，翅上小覆羽白色；腰及尾上覆羽白色，具银灰色光泽；尾羽银灰色沾褐色，除中央 1 对尾羽外，外侧尾羽先端和内侧羽缘灰白色；两翅狭长。下体颏、喉至上胸与头、颈、背均为黑色，下胸、腹、胁、腿覆羽和尾下覆羽、翅下覆羽和腋羽均为纯白色。雌鸟上体暗褐色，头缀棕白色羽缘，背和肩具棕色窄羽缘；尾羽灰褐色，具黑褐色横斑；翅外侧飞羽暗褐色，具近黑色横斑，内侧飞羽灰褐色，具暗褐色横斑；初级覆羽灰褐色，其余覆羽褐色，具棕色端缘。两翅狭长。下体皮黄色，具棕色纵纹。虹膜黄色；嘴黑色或暗铅蓝灰色，下嘴基部黄绿色，蜡膜黄绿色；脚和趾黄色或橙黄色。

识别要点　雄鸟体羽黑、白、灰色；头、喉、胸部均为黑色。雌鸟上体暗褐色；尾羽具横斑；下体皮黄色，具棕色纵纹；飞羽腹面具近暗褐色横斑。

生　　境　常栖息于开阔的低山丘陵和山脚平原、草地、旷野、河谷、沼泽、林缘灌丛。

生活习性　常单独活动。上午和黄昏活动频繁。常在林边草地和灌丛上空低空飞行，发现猎物后突然捕食。飞行时两翅上举成“V”字形。主要以昆虫、蛙、蜥蜴、蛇、小鸟、鼠类等动物为食。繁殖期 5 ~ 7 月，窝卵数通常 4 ~ 5 枚。

103 黑鸢 *Milvus migrans*

英文名 Black Kite

别　名 鸢

分类地位 鹰形目（Accipitriformes）、鹰科（Accipitridae）

保护级别 国家二级

形态特征 中等体型猛禽，体长 54 ~ 69 cm，体重 900 ~ 1 160 g。前额基部和眼先棕色，耳羽黑褐色，头顶至后颈棕褐色，具黑褐色羽干纹。上体暗褐色，微具紫色光泽；尾长，棕褐色，叉状，其上具有等宽的黑褐相间的横斑，尾端具淡棕白色羽缘；翅上中覆羽和小覆羽淡褐色，具黑褐色羽干纹；初级覆羽和大覆羽黑褐色；初级飞羽黑褐色，次级飞羽暗褐色。下体棕褐色，具黑褐色羽干纹；胸、腹及两胁均为棕褐色，具黑褐色粗羽干纹，下腹至肛部呈棕黄色；尾长，尾下覆羽灰褐色。虹膜暗褐色；嘴黑色，蜡膜和下嘴基部黄绿色；脚和趾黄色或黄绿色，爪黑色。

识别要点 前额及脸颊棕色；上体暗褐色，下体棕褐色，具黑褐色羽干纹；尾较长，叉状，具等宽的黑褐相间的横斑。

生　境 常栖息于开阔平原、草地、荒原和低山丘陵地带。

生活习性 常单独活动，有时成 2 ~ 3 只小群。昼行性。性机警。视力敏锐。善飞行，能利用热气流升入高空。翱翔时两翅平伸，尾散开。主要以昆虫、鱼、蛙、蛇、蜥蜴、小鸟、鼠类、野兔等动物为食，偶尔也捕食家禽，食腐尸。常在空中盘旋寻找猎物，发现猎物后迅速俯冲，用爪抓住，最后飞至树上或岩石上撕食。繁殖期 4 ~ 7 月，窝卵数通常 2 ~ 3 枚。

104 白腹海雕 *Haliaeetus leucogaster*

英 文 名 White – bellied Sea Eagle

别　　名 白腹雕、白尾雕

分类地位 鹰形目（Accipitriformes）、鹰科（Accipitridae）

保护级别 国家一级

形态特征 中等体型猛禽，体长 71 ~ 84 cm，体重 3 000 ~ 5 000 g。头、颈和下体均为纯白色，背黑灰色；尾短，楔形，基部 2/3 黑灰色，端部 1/3 白色；初级飞羽灰黑色，翼宽、长，翼下覆羽和腋羽均为白色。飞行时翅端和后缘黑色，前缘白色。虹膜褐色；蜡膜和上嘴红灰色，下嘴蓝灰色，尖端黑色，嘴裂红蓝色；跗跖和趾淡黄色，爪黑色。

识别要点 头、颈和下体均为纯白色。背黑灰色。翼宽且长；尾短。虹膜褐色；脚黄色。

生　　境 常栖息于海岸、水边树上或岩石上。

生活习性 常单只或成对低空飞行。日行性，早晨和黄昏活动频繁。飞行时两翅扇动缓慢而有力，有时也在高空翱翔和滑翔。飞行时两翅常上举呈“V”字形。主要以鱼类、海蛇、野鸭为食，也可捕食蛙、蜥蜴、野兔等，有时也食动物尸体。

105 渔雕 *Icthyophaga humilis*

英 文 名 Lesser Fish Eagle

别　　名 鱼雕

分类地位 鹰形目（Accipitriformes）、鹰科（Accipitridae）

保护级别 国家二级

形态特征 大体型猛禽，体长61~69 cm。头和颈灰色，微具黑色羽轴纹。初级飞羽内翈基部或多或少缀有白斑；圆尾，中央尾羽黑褐色，具淡色尖端和黑色宽亚端斑；外侧尾羽基部2/3具白色和褐色斑纹，1/3末端黑色。下体灰褐色或暗褐色；前颈和胸灰褐色；腹、两胁、肛区、尾下覆羽、腿覆羽均为白色。幼鸟上体暗褐色，具淡色羽缘，下体淡褐色，具白色宽纵纹。虹膜亮黄色；嘴暗角褐色，基部铅蓝色，蜡膜褐色；脚和趾淡黄色或淡灰白色，爪黑色。

识别要点 体羽主要为褐色，头、颈灰色，腹部白色。尾羽尖端色较淡，具黑色宽亚端斑，中央尾羽黑褐色。

生　　境 常栖息于山地森林中靠近河流或溪流的岸边。

生活习性 主要以鱼类为食，偶尔也捕食爬行类动物。繁殖期3~6月，窝卵数通常2~3枚。

106 灰脸鵟鹰　*Butastur indicus*

英 文 名　Grey – faced Buzzard

别　　名　灰脸鹰、灰面鹞、灰面鵟鹰

分类地位　鹰形目（Accipitriformes）、鹰科（Accipitridae）

保护级别　国家二级

形态特征　中等体型猛禽，体长 39 ~ 46 cm，体重 375 ~ 500 g。额灰白色，头顶至后枕暗棕褐色；眼先白色，脸颊和耳羽灰色。后颈羽基白色；背、肩、腰均为暗棕褐色，具黑褐色羽轴细纹，羽缘微沾棕色；尾上覆羽白色，具暗褐色宽横斑，尾羽灰褐色，具 3 条明显的黑褐色宽横斑；翅上小覆羽栗褐色，其余翅覆羽褐色，具棕色羽缘和黑褐色细羽干纹；初级飞羽外翈和羽端黑褐色，内翈基部白色，具黑褐色横斑；次级飞羽栗褐色，羽端黑褐色。下体颏、喉白色，具黑褐色宽的中央纵纹；上胸淡棕褐色或暗褐色，具白色斑点或斑纹；下胸、腹、两胁和腿覆羽均为白色，满布棕褐色横斑；尾下覆羽白色；翼下覆羽和腋羽均为白色，具稀疏的棕褐色横斑。雌鸟似雄鸟，但体型稍大。虹膜黄色；嘴黑色，嘴基部和蜡膜橙黄色；跗跖和趾黄色，爪黑色。

识别要点　上体暗棕褐色；尾羽灰褐色并具 3 条明显的黑褐色宽横斑。脸颊和耳羽灰色，眼先和喉部白色。喉部具黑褐色中央纵纹。胸部以下白色。

生　　境　常栖息于阔叶林、针阔叶混交林及针叶林等山林地带。

生活习性　常单独活动，迁徙期间可成群。性情较胆大。常在森林上空盘旋、翱翔或在低空飞行。早晨和黄昏活动频繁。主要以蛙、蜥蜴、蛇类、小鸟、鼠类、松鼠、野兔、狐狸等动物为食，也捕食大的昆虫，取食动物尸体。常停留在孤立的树梢上等待猎物。繁殖期 5 ~ 7 月，窝卵数通常 3 ~ 4 枚。

107 普通鵟 *Buteo japonicus*

英 文 名 Eastern Buzzard

别　　名 鸡母鹞

分类地位 鹰形目（Accipitriformes）、鹰科（Accipitridae）

保护级别 国家二级

形态特征 中等体型猛禽，体长 48~59 cm，体重 570~1 100 g。体色变化大，可分浅色型、深色型和棕色型 3 种。浅色型：上体多呈暗褐色，羽缘白色；头具窄的暗色羽缘；尾羽暗灰褐色，羽基白色沾棕色。外侧初级飞羽黑褐色，内翈基部和羽缘污白色或乳黄白色；内侧飞羽黑褐色，内翈基部和羽缘白色；翅上覆羽常为浅黑褐色，羽缘灰褐色。下体乳黄白色，颏和喉部具淡褐色纵纹，胸和两胁具棕褐色粗横斑，腹近乳白色；腿覆羽黄褐色，肛区和尾下覆羽乳黄白色。深色型：眼先白色，颏、喉、颊均沾棕黄色。全身黑褐色，两翅与肩较淡，羽缘灰褐色；飞羽黑褐色。尾羽棕褐色，具暗褐色横斑和灰白色端斑。下体黑褐色，翼下和尾下覆羽乳白色，覆腿羽黄白色。棕色型：上体棕褐色，羽端淡褐色或白色，小覆羽栗褐色，飞羽较深色型稍淡，尾羽棕褐色，羽端黄褐色。颏、喉乳黄色，具棕褐色羽干纹；胸、两胁具大型棕褐色粗斑；腹部乳黄色。尾下覆羽乳黄色。

识别要点 上体主要为暗褐色，下体主要为暗褐色或淡褐色，具深棕色横斑或纵纹；尾淡灰褐色，具多道暗色横斑。飞行时初级飞羽基部具明显白斑，翼下白色，飞羽外缘黑褐色（浅色型）或全为黑褐色（深色型），尾散开呈扇形。

生　　境 常栖息于山地森林和林缘地带。

生活习性 常单独活动或成 2~4 只小群。白天活动频繁。性机警，视觉敏锐。善飞行。空中盘旋滑翔时，两翅稍向上举，呈浅“V”字形。主要以森林鼠类为食，食量甚大。常盘旋在空中寻找猎物。繁殖期 5 ~ 7 月，窝卵数通常 2 ~ 3 枚。

108 黄嘴角鸮　*Otus spilocephalus*

英 文 名　Mountain Scops Owl

别　　名　无

分类地位　鸮形目（Strigiformes）、鸱鸮科（Strigidae）

保护级别　国家二级

形态特征　小体型猛禽，体长 18 ~ 21 cm。耳羽簇甚明显，耳羽内侧黄色，外侧黑褐色；面盘褐色，具暗褐色横斑，下缘缀白色。上体棕褐色，缀黑褐色虫蠹状细纹；后颈无领圈或领圈不明显，具米色横斑；肩羽外翈白色，尖端黑色，在肩部形成 1 道白色斑；初级飞羽暗棕褐色，内翈基处具浅黄色斑，外翈为浅棕栗色，除第 1 枚具浅栗色横斑外，第 2 ~ 7 枚具白色与栗色相间的横斑，其余飞羽外翈栗色，内翈暗棕褐色；尾下覆羽暗棕栗色，具细小横斑；尾羽棕栗色，具 7 条近黑色横斑。下体灰褐色；腹中部近棕白色，近肛区为近白色，具灰褐色虫蠹斑。虹膜黄色；嘴黄色；跗跖灰黄褐色。

识别要点　面盘褐色，具暗褐色横斑，耳羽内侧黄色，外侧黑褐色。嘴黄色。后颈具米色横斑。上体棕褐色，缀黑褐色虫蠹状细纹；下体灰褐色。肩羽具白色斑。尾羽具 7 条横斑。

生　　境　常栖息于海拔 2 000 m 以下的山地常绿阔叶林和混交林中，也见于山脚林缘地带。

生活习性　多单独或成对活动。夜行性，夜晚和黄昏活动。主要以大的昆虫、蜥蜴、鼠类为食。繁殖期 4~6 月，窝卵数通常 3~4 枚。

109 领角鸮 *Otus lettia*

英 文 名 Collared Scops Owl

别　　名 无

分类地位 鸮形目（Strigiformes）、鸱鸮科（Strigidae）、海南特有亚种

保护级别 国家二级

形态特征 小体型猛禽，体长 19 ~ 28 cm，体重 110 ~ 205 g。额和面盘灰色至亮红褐色，稍缀黑褐色细点；两眼前缘黑褐色，眼端刚毛白色具黑色羽端，眼上方羽毛白色；眉纹浅黄色；耳羽外翈黑褐色，具棕褐色斑，内翈棕白色，并杂有黑褐色斑点。上体灰褐色，具灰色或红褐色斑驳纵纹；后颈具大而多的白色斑点，构成不完整的淡白色领圈；肩和翅上外侧覆羽端具棕色或白色大斑点；初级飞羽黑褐色，外翈杂以棕白色宽横斑；尾灰褐色，具 6 道棕色且杂有黑色斑点的横斑。颏、喉灰白色，上喉具 1 圈皱领，微棕色，各羽具黑色羽干纹，两侧具细的横斑纹，其余下体灰红褐色，散布明显的黑色羽干纹；尾下覆羽纯白色，腿覆羽棕白色具褐色斑点，趾被羽。虹膜深褐色；爪角黄色。海南亚种体色较淡，下体皮黄色，翅长 16.1 ~ 18.3 cm。

识别要点 面盘灰色至亮红褐色，眉纹浅黄色；后颈具淡白色领圈。上体灰褐色，具灰色或红褐色斑驳纵纹；下体灰红褐色，具黑色条纹；颏和喉灰白色。虹膜深褐色。

生　　境 常栖息于山地阔叶林和混交林中，也见于山麓林缘和村寨附近的树林内。

生活习性 常单独活动，繁殖期成对活动。夜行性。主要以蝗虫、鞘翅目昆虫、壁虎、鼠类、蝙蝠等动物为食。繁殖期 3 ~ 6 月，窝卵数通常 2 ~ 6 枚。

110 红角鸮 *Otus sunia*

英文名 Eurasian Scops Owl

别　名 普通角鸮、东方角鸮

分类地位 鸮形目（Strigiformes）、鸱鸮科（Strigidae）

保护级别 国家二级

形态特征 小体型猛禽，体长 16~20 cm，体重 48~105 g。体色分灰色型与褐色型。灰色型：上体灰褐色，具多的黑褐色至黑色虫蠹状斑，散布棕白色斑点；面盘灰褐色，边缘黑褐色；耳羽较长，基部棕色，端部暗灰褐色，杂以黑褐色和棕白色斑点；额羽短硬，灰褐色，杂以棕白色、淡棕色斑点和具黑色羽干纹；眼先灰白色杂以黑色；外侧肩羽外翈具大的棕白色斑和黑褐色端斑；飞羽黑褐色，外翈具棕白色斑；翼缘棕白色。颈后具淡黄色横带。尾与背同色，具不完整的棕色横斑。颏棕白色。其余下体灰白色，密杂暗褐色细横斑和黑褐色粗的羽干纹，并缀以栗棕色；腹部白色较多，尾下覆羽白色，羽端杂褐色细纹，腿覆羽淡棕色，密杂褐色斑，腋羽和翼下覆羽棕白色。褐色型：体背部和胸部均沾棕栗色光泽。上体黑色羽干纹除头顶以外，均细微不明显；肩羽白色；颈后具淡黄色横带；下体羽干纹较细小。虹膜黄色；嘴暗绿色，下嘴先端近黄色；趾肉灰色（东北亚种）。

识别要点 体色分灰色型和褐色型。面盘灰褐色，边缘黑褐色。虹膜黄色。颈后具淡黄色横带。上体具细密的黑褐色虫蠹状斑和黑褐色纵纹，并缀棕白色斑点。

生　境 常栖息于山地、平原阔叶林和混交林中，也见于林缘次生林和居民点附近的树林内。

生活习性 常单独活动，繁殖期成对活动。夜行性，白天多隐藏于林内，晚上和黄昏活动。飞行快而有力。主要以昆虫、啮齿类动物为食，也捕食两栖类、爬行类和鸟类。繁殖期 5~8 月，窝卵数通常 3~6 枚。

111 雕鸮 *Bubo bubo*

英 文 名 Eurasian Eagle－owl

别　　名 鹫兔、怪鸱、角鸱、鹫鱼鸮

分类地位 鸮形目（Strigiformes）、鸱鸮科（Strigidae）

保护级别 国家二级

形态特征 大体型猛禽，体长 50~89 cm，体重 1 025~3 959 g。面盘显著，淡棕黄色，杂褐色细斑；眼先和眼前缘密被白色刚毛状羽，各羽均具黑色端斑；眼上方具 1 个大型黑斑；皱领黑褐色；头顶黑褐色，羽缘棕白色；耳羽特别发达，簇长，高出头顶两侧，外侧黑色，内侧棕色。后颈和上背黄褐色，各羽具明显的黑色羽干纹；肩、下背和翅上覆羽均为黄褐色，杂以黑色斑点和纵纹；羽端通常呈黑色块斑状；腰及尾上覆羽黄褐色，具黑色波状细斑；中央尾羽暗褐色，具 6 道不规则的棕色横斑；外侧尾羽棕色，具暗褐色横斑和黑褐色斑点；飞羽黄褐色，具黑色宽横斑和褐色斑点。颏白色，喉除皱领外白色，胸黄褐色，具黑色纵条纹；上腹和两胁的羽干纹变细，下腹中央纯棕白色；腋羽白色或棕色，具褐色横斑。虹膜金黄色；嘴和爪铅灰黑色（东北亚种）。

识别要点 耳羽簇长；喉白色。体羽黄褐色，具黑色斑点和纵纹。胸及胁具黑色纵条纹，腹部具细小黑色条纹。虹膜金黄色。

生　　境 常栖息于人迹罕至的密林中，营巢于树洞或岩隙中。

生活习性 除繁殖期外常单独活动。夜行性。听觉和视觉敏锐，警觉。常贴地低空飞行。主要以鼠类为食，也捕食昆虫、蛙、雉鸡及其他鸟类、兔类、刺猬、狐狸、豪猪、鼬，甚至捕食有蹄类动物。

112 林雕鸮 *Bubo nipalensis*

英文名 Spot-bellied Eagle Owl

别　名 无

分类地位 鸮形目（Strigiformes）、鸱鸮科（Strigidae）

保护级别 国家二级

形态特征 大体型猛禽，体长约 63 cm。眼先和颊部具褐白色须状羽，羽干黑色；耳羽显著，具黑白两色羽簇；面盘淡白色；头顶隐约可见棕色横斑。上体包括肩内侧和翅上覆羽深褐色，具皮黄白色斑点和横斑；背及翅上小覆羽均杂棕色横斑和端斑；外侧肩羽棕色或皮黄色，具黑褐色横斑；初级飞羽黑褐色，具淡褐色横斑和羽缘；次级飞羽横斑较宽，多为皮黄褐色，最内侧次级飞羽和三级飞羽与肩同色；尾羽黑褐色，缀以棕色横斑和棕白色羽端，并杂云石状黑褐色斑点。下体淡黄白色；颏具褐白色须状羽，但羽轴白色；喉和胸具黑色条纹，至腹和尾下覆羽变为宽斑点；腿覆羽白色，缀暗褐色横斑；下胸至腹部具“V”形暗褐色斑点。虹膜褐色；嘴黄色；趾暗黄色。

识别要点 耳羽显著，具黑白两色羽簇，面盘淡白色。上体深褐色，具皮黄白色斑点和横斑。下体淡黄白色，喉和胸具黑色条纹，下胸至腹部具“V”形暗褐色斑点。

生　境 常栖息于海拔 3 000 m 以下的常绿阔叶林中。

生活习性 常单独活动。夜行性。主要以蜥蜴、蛇、雉鸡、鼠类、野兔等动物为食。

113 褐渔鸮 *Ketupa zeylonensis*

英 文 名 Brown Fish Owl

别　　名 无

分类地位 鸮形目（Strigiformes）、鸱鸮科（Strigidae）

保护级别 国家二级

形态特征 大体型猛禽，体长 51~55 cm，体重 1 080~1 500 g。面盘浅黄色，脸深褐色；眼先具前伸的黑色须状羽；耳簇羽水平状，具黑色纵纹；额、头顶至后颈和上背栗色，具深褐色粗条纹。下背至尾上覆羽淡褐色，具细的黑褐色羽干纹；尾羽暗褐色；肩浅黄褐色，具黑褐色粗羽干纹；外侧数枚肩羽外翈白色，具暗褐色羽干纹；内翈沙黄色；翅上覆羽暗褐色，具皮黄色羽缘；中覆羽具白色羽尖，大覆羽外翈具皮黄色宽羽缘；初级覆羽具浅黄褐色斑点；飞羽暗褐色，初级飞羽先端及外翈具淡黄色横斑，内翈具暗黄褐色斑。颏、喉白色，具黑褐色羽干纹。其余下体黄白色，具黑色条纹和细波状横纹。肛区及尾下覆羽较淡，肛区无斑纹，尾下覆羽具暗褐色羽干纹和浅褐色横斑；腿覆羽浅棕褐色；跗跖仅前缘上端被羽，其余裸出。虹膜金黄色；嘴浅灰绿色，尖端较暗，蜡膜绿灰色；脚角褐色。

识别要点 面盘浅黄色，脸深褐色；耳簇羽水平状，具黑色纵纹；喉白色。额及上体栗色，具深褐色粗条纹。下体黄白色，具黑色条纹和细波状横纹。虹膜金黄色。

生　　境 常栖息于开阔的林区河流地带，也见于海岸、湖泊、鱼塘附近的森林或丛林。

生活习性 常单独活动。半昼行性鸟类，常下午活动。飞行时两翅扇动频繁。主要以水生昆虫、鱼、蛙等动物为食。

114 褐林鸮 *Strix leptogrammica*

英 文 名　Brown Wood Owl

别　　名　棕林鸮

分类地位　鸮形目（Strigiformes）、鸱鸮科（Strigidae）

保护级别　国家二级

形态特征　中等体型猛禽，体长 46~53 cm，体重 710~1 000 g。头圆形，无耳羽簇；头顶深褐色；面盘棕褐色，羽端色浅；具白色或灰色眉纹；眼周黑色，眼先具灰白色须状羽和黑色羽轴。上体栗褐色，胸红褐色，腰及尾上覆羽色浅，具淡黄色横斑；肩羽暗褐色，外侧皮黄白色，具细小的褐色横斑；翅上覆羽与背同色，但稍浅；中覆羽暗褐色，具灰褐色横斑；大覆羽具明显的黄白色横斑及白色端斑；初级飞羽暗褐色，具浅褐色横斑；尾褐色，具浅黄色横斑和白色端斑。颏黄褐色，喉白色；其余下体皮黄色，密被细窄的褐色横斑；腿覆羽浅茶黄色。虹膜深褐色；嘴角褐色，尖端角黄色；跗跖被羽，趾部分被羽，浅黄色；趾裸露部分及趾底橙黄色，爪角黄色，尖端较暗。

识别要点　头圆形，无耳羽簇。面盘棕褐色，具白色或灰色眉纹。眼周黑色。喉白色。上体栗褐色。胸红褐色。下体皮黄色，具褐色细横纹。虹膜深褐色。

生　　境　常栖息于常绿阔叶林和混交林，也见于林缘和路边疏林及竹林。

生活习性　常成对或单独活动。夜行性。性机警、胆怯。主要以小鸟和啮齿类动物为食。繁殖期 3~5 月，窝卵数通常 2 枚。

115 领鸺鹠 *Glaucidium brodiei*

英 文 名 Collared Owlet

别　　名 小鸺鹠

分类地位 鸮形目（Strigiformes）、鸱鸮科（Strigidae）

保护级别 国家二级

形态特征 体长 13~18 cm，体重 40~64 g。头圆形，色较灰，无耳簇羽，面盘不明显；眼先及眉纹白色，眼先羽干末端呈黑色须状羽；前额、头顶和头侧具细密的白色斑点。上体灰褐色，具狭长的浅黄色横纹；后颈具明显的浅黄色领斑。中央黑色；肩羽外翈具大的白色斑点，形成 2 道明显的白色肩带；飞羽黑褐色，除第 1 枚初级飞羽外，外翈均具棕红色斑点，内翈基部具白色斑，往内白色斑变大；尾上覆羽褐色，具白色横斑及斑点，尾暗褐色，且具 6 道浅黄白色横斑和羽端斑。颊白色，向后延伸至耳羽后方；颏、喉白色，喉部具褐色横斑；其余下体白色，体侧具褐色纵纹；尾下覆羽白色，尖端杂褐色斑点。虹膜黄色；嘴和趾黄绿色；腿覆羽褐色，跗跖被羽；爪褐色。

识别要点 头圆形，无耳簇羽。后颈部具明显的浅黄色领斑，中央黑色。喉白色，具褐色横斑。上体灰褐色，具浅黄色横纹。下体白色，具褐色纵纹。虹膜黄色。

生　　境 常栖息于山地森林和林缘灌丛地带。

生活习性 除繁殖期外一般单独活动。常白天活动，黄昏时活动频繁。飞行时先频繁扇动双翅，作鼓翼飞行，再作滑行，交替进行。多在高大的乔木上休息，尾羽常左右摆动。主要以昆虫和鼠类为食，也捕食小鸟和其他小型动物。繁殖期 3~7 月，窝卵数通常 2~6 枚。

116 斑头鸺鹠 *Glaucidium cuculoides*

英 文 名 Asian Barred Owlet

别 名 横纹小鸺、猫王鸟

分类地位 鸮形目（Strigiformes）、鸱鸮科（Strigidae）、海南特有亚种

保护级别 国家二级

形态特征 小体型猛禽，体长 24~26 cm，体重 150~260 g。头圆形，无耳簇羽；头、颈和整个上体均为褐色，密被白色细狭的横纹，头顶具细小且密的横斑；眉纹白色，较短狭。部分肩羽和大覆羽外翈具大白斑，飞羽黑褐色，外翈缀以棕色或棕白色三角形羽缘斑；三级飞羽内外翈具横斑；尾羽黑褐色。颏、颚纹白色，喉中部褐色，具皮黄色横斑；胸和下喉白色，下胸具褐色横斑；腹白色，具褐色纵纹；下腹和肛周具褐色宽纵纹；尾下覆羽纯白色，跗跖被羽，白色杂褐色斑；腋羽纯白色。虹膜黄色；嘴黄绿色，基部较暗；蜡膜暗褐色；趾黄绿色，具刚毛状羽，爪近黑色。

识别要点 面盘不明显，无耳簇羽。体羽褐色，头和下体羽均具白色细狭的横纹；腹白色，下腹和肛周具褐色宽纵纹。

生 境 常栖息于海拔 2 000 m 以下的阔叶林、混交林、次生林和林缘灌丛。

生活习性 常单独或成对活动。多白天活动和觅食。主要以蝗虫、甲虫、螳螂、蝉、蟋蟀、蚂蚁、蜻蜓等各种昆虫及其幼虫为食。繁殖期 3~6 月，窝卵数通常 3~5 枚。

117 鹰鸮 *Ninox scutulata*

英文名 Brown Boobook

别　名 无

分类地位 鸮形目（Strigiformes）、鸱鸮科（Strigidae）

保护级别 国家二级

形态特征 中等体型猛禽，体长 28~32 cm，体重 212~230 g。头圆形，无耳羽簇；嘴基、额基和眼先白色，眼先杂黑色羽，两眼间具白斑；头顶、后颈至上背均为暗褐色。下背、腰至尾上覆羽均为淡棕褐色；尾黑褐色，具灰褐色横斑和白色端斑；肩羽褐色，杂有白斑；小覆羽、中覆羽褐色，大覆羽浅褐色，羽缘略沾棕色；初级飞羽黑褐色，内翈具灰褐色横斑；最内侧 2 枚飞羽具以羽轴为中线成对排列的白色块斑。颊、颏灰白色；喉灰色，具红褐色细纹；胸、两胁至腹褐色；具黑色横斑及白色端斑；尾下覆羽白色；胫羽褐色，羽端棕黄色；跗跖被以棕褐色短羽。虹膜黄色；嘴灰黑色，嘴端黑褐色；趾肉红色，具浅黄色刚毛，爪黑色。

识别要点 头圆形，无耳羽簇；头部暗褐色，两眼间具白斑。上体深褐色。下体白色，具红褐色条纹；尾具横斑，端斑白色。虹膜黄色。

生　境 常栖息于海拔 2 000 m 以下的针阔叶混交林和阔叶林的河谷地带。

生活习性 常单独活动，繁殖期成对活动，夜行性，黄昏和晚上活动。飞行迅速敏捷。主要以昆虫、小鸟、鼠类为食。繁殖期 5~7 月，窝卵数通常 3 枚。

118 短耳鸮 *Asio flammeus*

英 文 名 Short-eared Owl

别　　名 夜猫子、猫头鹰、短耳猫头鹰

分类地位 鸮形目（Strigiformes）、鸱鸮科（Strigidae）

保护级别 国家二级

形态特征 中等体型猛禽，体长 34~40 cm，体重 251~450 g。面盘明显，眼周黑色，眼先及内侧眉斑白色，面盘余部棕黄色杂黑色羽干纹；耳羽短小不外露，黑褐色，具棕色羽缘。上体包括翅和尾表面棕黄色，满缀褐色和黑色点斑和条斑；肩及三级飞羽纵纹较粗；翅上小覆羽黑褐色；中覆羽及大覆羽黑褐色；初级覆羽黑褐色；外侧初级飞羽棕色；最外侧 3 枚初级飞羽先端黑褐色，次级飞羽外翈具黑褐色与棕黄色横斑，靠近羽端具黑褐色细斑；腰和尾上覆羽棕黄色，无羽干纹；尾羽棕黄色，具黑褐色横斑和棕白色端斑。下体棕白色，具褐色纵条斑，颏白色；胸部多棕色，布满褐色纵纹。虹膜橙黄色；嘴黑色；跗跖和趾被羽，棕黄色，爪为黑色。

识别要点 耳羽簇短；眼周黑色；体羽棕黄色；上体具褐色和黑色点斑和条斑，下体具褐色纵条斑。虹膜橙黄色。

生　　境 常栖息于低山、丘陵、沼泽、湖岸和草地等各类生境中。

生活习性 常黄昏和晚上活动。多贴地面飞行。主要以鼠类为食，也捕食昆虫、蜥蜴和小鸟。繁殖期 4~6 月，窝卵数通常 3~8 枚。

119 仓鸮 *Tyto alba*

英 文 名 Barn Owl

别 名 猴面鹰、猴头鹰

分类地位 鸮形目（Strigiformes）、草鸮科（Tytonidae）

保护级别 国家二级

形态特征 中等体型猛禽，体长 33~39 cm，体重约 1 000 g。头大而圆，面盘污白色，呈心形；面盘四周具棕色或橙黄色领环；眼先栗棕色，眼周浅棕色。颈侧及肩浅棕黄色，微具黑色及白色斑点；其余上体淡灰色，羽缘棕黄色，各羽散布浅褐色虫蠹细斑，近末端处有具黑缘的白点；翅上覆羽棕黄色，端白色；飞羽外翈浅棕褐色，内翈近白色，内外翈均具灰黑色细小斑点和横斑；尾羽同飞羽，横斑明显。下体白色，具黑色小斑点；尾下覆羽白色；腿覆羽浅棕赭色，具稀疏的灰黑色斑点。虹膜黑色，跗跖灰黑色，爪黑色。

识别要点 头大而圆，面盘污白色，呈心形；眼先栗棕色，眼周浅棕色。上体淡灰色或棕黄色，具黑白色斑点；翅覆羽端白色。下体白色，具黑色小斑点。

生 境 常栖息于开阔的原野、低山、丘陵及农田、城镇和村庄附近的森林中。

生活习性 常单独活动。白天多栖息于树上或洞中，黄昏和晚上活动。主要以鼠类和野兔为食。繁殖期 3~6 月和 9~12 月，每年繁殖 2 次，窝卵数通常 2~7 枚。

120 草鸮 *Tyto longimembris*

英 文 名 Eastern Grass Owl

别　　名 猴面鹰、猴子鹰、白胸草鸮

分类地位 鸮形目（Strigiformes）、草鸮科（Tytonidae）

保护级别 国家二级

形态特征 中等体型猛禽，体长约 32 cm，体重约 450 g。面盘棕白色，呈心形，羽端沾赤褐色；面盘四周具深栗色皱领，下边皱领具深褐色细边；眼先具黑褐色斑。上体深褐色，羽基和羽缘赭黄色，靠近羽端具 1 个白色小斑点；颈侧羽基赭黄色较明显，常形成赭黄色块斑；小覆羽栗黄色并杂褐色小斑点，中覆羽和大覆羽基部栗黄色，先端褐色；初级飞羽外翈黄褐色，具深褐色横斑，外缘具深褐色小斑点，内翈浅栗黄色，具深褐色横斑；次级飞羽内翈几近白色；三级飞羽栗黄色，具深褐色羽端；尾羽浅黄栗色，具 4 道深褐色横斑。下体皮黄色；胸和两胁具暗褐色细斑点；腹以下羽色较淡，具深褐色细斑点。虹膜深褐色；脚黑褐色。

识别要点 面盘棕白色，呈心形。上体深褐色，靠近羽端具 1 个白色小斑点；下体皮黄色，腹以下羽色较淡，具深褐色细斑点。

生　　境 常栖息于海拔 1 500 m 以下的低山丘陵、山坡草地和开阔草原地带，也见于林缘灌丛和小树林。

生活习性 夜行性。主要以鼠类、蛙、蛇、鸟卵等动物为食。繁殖期 4~6 月和 8~11 月，每年繁殖 2 次，窝卵数通常 2~4 枚。

121 栗鸮 *Phodilus badius*

英 文 名 Bay Owl

别　　名 无

分类地位 鸮形目（Strigiformes）、草鸮科（Tytonidae）

保护级别 国家二级

形态特征 中等体型猛禽，体长 28~30 cm，体重 351~360 g。面盘方形；额、面盘、颏和喉均为浅葡萄红色；眼先和内侧眼缘深栗色；耳羽簇突出。颈侧至胸围具白色且杂褐色和栗色的项翎，头后及颈后深栗色；上背、肩和翅上内侧覆羽均为栗红色，具栗色羽缘和近端黑色斑点；下背浅栗色，杂黑色斑点；两翅棕栗色，具黑色横斑，第 1 枚初级飞羽外翈和小覆羽均为白色，第 2 枚初级飞羽近端处具 3 个白点；尾短，浅栗色，具黑色横斑。下体和腿覆羽葡萄红色，具暗栗色斑点；上胸沾橙黄色，下腹中部及肛周羽色较浅；翅下覆羽和腋羽浅棕色或栗色，近翼缘处具 1 个栗色斑块。虹膜深褐色；嘴乳黄色；脚黄褐色，爪黄色，中爪内缘具栉状突。

识别要点 面盘方形，浅葡萄红色；眼先和内侧眼缘深栗色；耳羽簇突出。上体栗红色，具黑色点斑。下体葡萄红色，具暗栗色斑点；尾短，浅栗色，具黑色横斑。

生　　境 常栖息于山地常绿阔叶林、针叶林和次生林中。

生活习性 常单独或成对活动，有时成 2~3 只小群。夜行性。胆大，栖息时不警觉，易靠近。主要以大型昆虫（如甲虫和蚱蜢）、青蛙、蜥蜴、鸟类、小型啮齿类动物、蝙蝠等动物为食。繁殖期 3~7 月，窝卵数通常 3~5 枚。

122 红头咬鹃 *Harpactes erythrocephalus*

英 文 名 Red-headed Trogon

别　　名 无

分类地位 咬鹃目（Trogoniformes）、咬鹃科（Trogonidae）、海南特有亚种

保护级别 国家二级

形态特征 中等体型鸟类，体长 35~37 cm，体重 95~125 g。雄鸟头、颈暗绯红色。背、肩锈褐色；两翅黑色，翅上覆羽和内侧飞羽密被黑白色斑纹；初级飞羽黑色，外翈具白色羽缘；腰和尾上覆羽较多锈色；中央尾羽深栗色，具黑色羽干纹和端斑；羽端黑色；紧邻中央尾羽的 1 对外侧尾羽羽轴栗色，外翈棕色，内翈黑色或内外翈全为黑色；外侧 3 对尾羽羽端白色。颏、喉暗褐色沾红色，颏部具 1 枚向前弯曲的须状羽，上胸暗绯红色，下胸鲜红色，上下胸间具 1 条白色星月形窄横带，其余下体绯红色。雌鸟头、喉、胸均为棕栗色，翅上具棕色斑纹。海南亚种体型小，头顶和前胸均为紫红色。

识别要点 初级飞羽黑白色。外侧 3 对尾羽羽端白色，中央尾羽羽端黑色。雄鸟头、颈暗绯红色，下胸和腹部鲜红色，胸部具白色横带，翅覆羽具黑白色斑纹。雌鸟头、喉、胸均为棕栗色。

生　　境 常栖息于海拔 1 500 m 以下的常绿阔叶林和次生林中。

生活习性 常单独或成对活动。性胆怯、孤僻，常一动不动垂直地站在树冠层低枝上或藤条上。主要以昆虫幼虫为食，也取食植物果实。繁殖期 4~7 月，窝卵数通常 3~4 枚。

123 蓝须蜂虎 *Nyctyornis athertoni*

英 文 名 Blue-bearded Bee-eater

别　　名 夜蜂虎

分类地位 佛法僧目（Coraciiformes）、蜂虎科（Meropidae）、海南特有亚种

保护级别 国家二级

形态特征 中等体型鸟类，体长 29~35 cm，体重 77~200 g。前额、头顶前部碧蓝色。整个上体为绿色沾蓝色；尾方形，草绿色，中央尾羽不突出。下体自颏、喉和胸的中央具 1 枚逐渐变长变宽的碧蓝色羽毛，在胸部形成悬垂的蓝色纵带；颏、喉、颈、胸侧、背均为草绿色，其余下体棕黄色；腹部棕黄色，具灰绿色纵纹；尾下覆羽棕黄色，羽轴白色。虹膜棕红色；嘴暗褐色或黑色；跗跖和趾暗褐色或蓝绿色，爪黄褐色。海南亚种尾较短。

识别要点 前额碧蓝色。下体自颏、喉和胸的中央具 1 枚逐渐变长变宽的碧蓝色羽毛，在胸部形成悬垂的蓝色纵带；腹部棕黄色，具灰绿色纵纹；尾下覆羽棕黄色。

生　　境 常栖息于海拔 1 500 m 以下山地或丘陵地带的沟谷、河边等处。

生活习性 林栖型。常在树冠上或林间觅食。主要以蜂类为食。繁殖期 3~6 月，窝卵数通常 4~6 枚。

124 栗喉蜂虎 *Merops philippinus*

英文名 Blue-tailed Bee-eater

别　名 红喉蜂虎

分类地位 佛法僧目（Coraciiformes）、蜂虎科（Meropidae）

保护级别 国家二级

形态特征 头顶至背草绿色沾黄色，自额经眼先和眼至耳覆羽具1条宽的黑色贯眼纹，此纹上下各具1条窄的淡蓝色纹。上体绿色，腰和尾上覆羽蓝色，尾蓝色，中央尾羽甚延长，尖端黑色；肩和两翅表面草绿色，翅上覆羽、初级飞羽和外侧次级飞羽均为铜绿色；翅下覆羽黄色；内侧飞羽蓝色，尖端黑色，外侧飞羽具黑端。颏和上喉黄色，下喉和上胸栗色；下胸、腹草绿色，下腹至尾下覆羽蓝色。虹膜玫瑰红色；嘴黑色；脚暗褐色；爪黑色。

识别要点 贯眼纹宽、黑色，上下接淡蓝色窄纹。上体绿色，腰和尾蓝色，中央尾羽尖长；翅下覆羽黄色。颏黄色，上喉黄色，下喉栗色。虹膜玫瑰红色；嘴黑色。

生　境 常栖息于林缘、田野、河岸等开阔地。

生活习性 常成数只至数十只的群。主要以蜂类、白蚁为食，也捕食蜻蜓、蝉、蛾类、食虫虻、甲虫等。繁殖期4~6月，窝卵数通常4~7枚。

125 蓝喉蜂虎 *Merops viridis*

英 文 名 Blue-throated Bee-eater

别　　名 红头吃蜂鸟

分类地位 佛法僧目（Coraciiformes）、蜂虎科（Meropidae）

保护级别 国家二级

形态特征 中等体型鸟类，体长 26~28 cm，体重 32~35 g。贯眼纹黑色，到眼后变宽；前额、头顶、枕、后颈和上背均为深栗色，下背蓝绿色。肩和翅绿色，内侧飞羽蓝色。颏、喉和颈侧均为蓝色，胸和腹绿色；腰、尾淡蓝色，中央尾羽延长，呈针形；尾下覆羽淡蓝色。虹膜红色；嘴、脚黑色。

识别要点 贯眼纹黑色；头、颈和上背均为深栗色。颏、喉和颈侧均为蓝色。腰和尾淡蓝色。下体绿色。尾下覆羽淡蓝色，中央尾羽长，呈针形。

生　　境 常栖息于林缘疏林、灌丛、草坡等开阔地带，也见于农田、海岸、河谷和果园等地。偏好近海低洼开阔的原野及林地。

生活习性 常单独或成小群活动。多停留在树上或电线上休息。主要以各种蜂类为食，也捕食其他昆虫。繁殖期 5~7 月，窝卵数 4 枚。

126 白胸翡翠　*Halcyon smyrnensis*

英文名 White-throated Kingfisher

别　名 无

分类地位 佛法僧目（Coraciiformes）、翠鸟科（Alcedinidae）

保护级别 国家二级

形态特征 中等体型鸟类，体长 26~30 cm。额、头顶、头侧、枕、后颈、颈侧、胸侧和其余下体，包括腹至尾下覆羽、腋羽和翼下覆羽均为深栗色；背、肩和三级飞羽蓝色，下背至尾上覆羽蓝绿色，具光泽；翅上小覆羽蓝绿色，中覆羽黑色，大覆羽、飞羽蓝绿色，初级飞羽黑色，除第 1 枚初级飞羽外，其余初级飞羽内翈基部白色，往内白色增加，在翼上形成明显的白色翅斑，内侧飞羽和尾均为蓝色；外侧尾羽比中央尾羽辉亮。颏、喉和胸部中央白色。虹膜暗褐色；嘴、脚和趾均为红色。

识别要点 头、后颈和腹均为深栗色。背、尾均为蓝绿色；翅上小覆羽蓝绿色，中覆羽黑色，大覆羽、飞羽蓝绿色。喉及胸白色。嘴红色。

生　境 常栖息于山地森林和山脚平原河流、湖泊岸边，也见于池塘、水库、沼泽和稻田等水域岸边。

生活习性 常单独活动。呈直线飞行，速度较快。营巢于河岸、沟谷田坎土岩洞中，掘洞为巢。多停留在水边树木枯枝上或石头上，有时站在电线上，长时间注视水面，以待猎食。主要以水生昆虫、蟹、软体动物和鱼为食，也捕食鳞翅目、直翅目、鞘翅目和膜翅目等昆虫。繁殖期 3~6 月，窝卵数通常 4~8 枚。

127 斑头大翠鸟 *Alcedo hercules*

英 文 名 Blyth's Kingfisher

别　　名 无

分类地位 佛法僧目（Coraciiformes）、翠鸟科（Alcedinidae）

保护级别 国家二级

形态特征 小体型鸟类，体长约 23 cm。前额、头顶、头侧、枕和后颈均为黑色，具亮蓝色横斑，中央具 1 个亮的淡蓝色斑点；眼先黑色，眼前和眼下各具 1 个黄色斑；颊和耳覆羽黑色，具蓝色条纹。颈侧耳羽后具 1 个白色横斑；背中部、腰、尾上覆羽均为亮淡蓝色；尾黑色，缀蓝绿色；肩和内侧次级飞羽黑色，沾暗绿色。翅上覆羽和飞羽黑色，内侧飞羽缀蓝绿色；小覆羽和中覆羽黑色，具亮蓝色斑点，大覆羽和外侧飞羽黑色，羽缘蓝色。颏、喉白色；其余下体，包括腋羽和翅下覆羽棕栗色。虹膜暗褐色或血红色；喙黑色，雌鸟下嘴基部红色；脚珊瑚红色。

识别要点 头和后颈黑色，具亮蓝色横斑；眼前和眼下各具 1 个黄色斑；耳羽黑色，具蓝色条纹；颈侧耳羽后有 1 个白色横斑；上体亮淡蓝色，尾黑色。颏、喉白色；下体棕栗色。雌鸟下嘴基部红色。

生　　境 常栖息于海拔 1 200 m 以下的低山丘陵常绿阔叶林中的溪流旁，或山脚林木环绕的溪流地带。

生活习性 常单独活动。性胆怯。常在水面上空飞行觅食。善捕鱼。主要以小鱼为食，也捕食甲壳类和多种水生昆虫，有时也取食植物性食物。

128 大黄冠啄木鸟 *Chrysophlegma flavinucha*

英 文 名 Greater Yellownape Woodpecker

别　　名 无

分类地位 啄木鸟目（Piciformes）、啄木鸟科（Picidae）

保护级别 国家二级

形态特征 中等体型鸟类，体长 29~36 cm，体重 122~180 g。雄鸟额、头顶和头侧均为暗橄榄褐色，额和头顶缀棕栗色，枕具橙黄色羽冠。前颈褐色沾绿色，杂白色条纹；整个上体和内侧飞羽黄绿色，初级飞羽黑褐色，除翼端外，具深棕色宽横斑；内侧飞羽外翈绿色，内翈黑色，具深棕色横斑；其余两翅表面与背同色，尾羽黑褐色，中央尾羽基部羽缘绿色。颏、喉黄色；胸暗橄榄褐色，其余下体逐渐变为橄榄灰色。雌鸟与雄鸟相似，喉棕色。虹膜棕红色；嘴铅灰色，先端淡黄色；脚和趾铅灰沾绿色，爪角褐色。

识别要点 雄鸟头顶和头顶两侧暗橄榄褐色，头顶缀棕栗色，枕具橙黄色羽冠；上体黄绿色，初级飞羽黑褐色。喉黄色，胸暗橄榄褐色。雌鸟喉棕色。

生　　境 常栖息于海拔 2 000 m 以下的常绿阔叶林内。

生活习性 常单独或成对活动。飞行呈波浪式。主要以昆虫为食，有时也取食植物种子和浆果。繁殖期 4~6 月，窝卵数通常 3~4 枚。

129 黄冠啄木鸟 *Picus chlorolophus*

英 文 名 Lesser Yellownape Woodpecker

别　　名 黄冠绿啄木鸟

分类地位 啄木鸟目（Piciformes）、啄木鸟科（Picidae）、海南特有亚种

保护级别 国家二级

形态特征 小体型鸟类，体长 23~27 cm，体重 63~79 g。雄鸟额红色或橄榄绿色，鼻羽至眼上方黑色，头顶和颈侧橄榄绿色，枕部具金黄色羽冠；眉纹红色细长，前端与额部红色相连；后端与金黄色枕部冠羽相连；眼先经眼下到颈侧具白色颊纹，耳羽和颈侧同色。上体淡黄绿色具光泽，两翅褐色，第 1~2 枚飞羽外翈具模糊的白色横斑，其余飞羽外翈栗红色；尾黑褐色，中央尾羽具橄榄绿色狭缘。颏、喉淡橄榄绿色；胸部以下的整个下体具褐色和白色相间的横斑。雌鸟和雄鸟相似，但额不具鲜红色，仅冠羽两侧红色。虹膜红色或朱红色；嘴黑色或灰黄色，先端和嘴峰角褐色；跗跖和趾绿黑色或灰绿褐色；爪黑褐色或角黄色。海南亚种颈冠绿黄色，背橄榄绿色，胸及上腹均为暗橄榄绿色；翅长小于 14.2 cm。

识别要点 枕部具金黄色羽冠，颊纹白色；喉橄榄绿色；上体淡黄绿色具光泽，下体具褐色与白色纹相间的横斑。雌鸟仅冠羽两侧红色。

生　　境 常栖息于海拔 2 000 m 以下的常绿阔叶林和混交林中，也见于竹林和林缘灌丛地带。

生活习性 常单独或成对活动。主要以昆虫为食，偶尔也吃植物果实和种子。繁殖期 4~7 月，窝卵数通常 2~4 枚。

130 红隼　*Falco tinnunculus*

英文名　Common Kestrel

别　　名　红鹰、红鹞子

分类地位　隼形目（Falconiformes）、隼科（Falconidae）

保护级别　国家二级

形态特征　小体型猛禽，体长 30~36 cm，体重 173~335 g。雄鸟头顶、头侧、后颈、颈侧均为蓝灰色，具黑色细羽干纹；眼下具沿口角垂直向下的黑色宽纵纹；前额、眼先和细窄的眉纹均为棕白色。背、肩和翅上覆羽均为砖红色，具近似三角形的黑斑；腰和尾上覆羽蓝灰色，具暗灰褐色细羽干纹；尾长，蓝灰色，具黑色宽端斑和白色窄端斑；翅初级覆羽和飞羽黑褐色，具淡灰褐色端缘；初级飞羽内翈具白色横斑，微缀褐色斑纹。颏、喉乳白色或棕白色，喉部具须状纹；胸、腹和两胁均为棕黄色或乳黄色，胸和上腹缀黑褐色细纵纹，下腹和两胁具黑褐色矢状或滴状斑；腿覆羽和尾下覆羽浅棕色或棕白色，尾下覆羽银灰色；翅下覆羽和腋羽皮黄白色或淡黄褐色，具褐色点状横斑。雌鸟上体棕红色，具黑褐色粗纵纹；背到尾上覆羽具黑褐色粗横斑；尾棕红色，具黑色横斑和黑色宽端斑与棕黄白色尖端；翅上覆羽棕黄色，初级覆羽和飞羽黑褐色，具棕红色窄端斑；飞羽内翈具白色横斑，微缀棕色；脸颊部和眼下具黑色纵纹；下体乳黄色，胸、腹和两胁具黑褐色纵纹；腿覆羽和尾下覆羽乳白色；翅下覆羽和腋羽淡棕黄色，密被黑褐色斑点；飞羽和尾羽下面灰白色，密被黑褐色横斑。虹膜暗褐色；嘴蓝灰色，先端黑色，基部黄色，蜡膜黄色；脚、趾深黄色，爪黑色。

识别要点　雄鸟头蓝灰色，背和翅上覆羽砖红色，具近似三角形的黑斑；腰、尾上覆羽和尾羽蓝灰色；眼下具沿口角垂直向下的黑色宽纵纹。颏、喉乳白色或棕白色，喉部具须状纹。雌鸟上体棕红色，具黑褐色纵纹和横斑，下体乳黄色。

生　　境　常栖息于农田、村落附近、山地森林、林缘、草原、旷野等地带。

生活习性　常单独活动。傍晚活动频繁。主要以蝗虫、蚱蜢、吉丁虫、螽斯、蟋蟀等昆虫为食，也捕食蛙、蛇、蜥蜴、雀形目鸟类、鼠类等动物。常在地面低空飞行，发现猎物后迅速捕捉。繁殖期 5~7 月，窝卵数通常 4~5 枚。

131 燕隼 *Falco subbuteo*

英文名 Eurasian Hobby

别　名 青条子、蚂蚱鹰、虫鹞

分类地位 隼形目（Falconiformes）、隼科（Falconidae）

保护级别 国家二级

形态特征 小体型猛禽，体长 29~35 cm，体重 120~294 g。雄鸟前额白色，头顶至后颈为灰黑色或黑色，眼上具白色细眉纹。颈侧、颏、喉均为白色，微沾棕色；后颈羽基白色；背、肩、腰均为暗蓝灰色，具黑褐色羽干纹；尾羽灰色或褐色，尾羽腹面具横斑；翅上覆羽蓝灰色或暗石板灰褐色，初级飞羽和次级飞羽黑褐色，内翈具淡棕黄色不规则横斑。颊部具垂直向下的黑色髭纹；胸、上腹为白色，具黑色粗纵纹；下腹、尾下覆羽和腿覆羽均为棕栗色，翅下和腋羽为白色，密被黑褐色横斑和斑点。飞行时翅狭长而尖，腹面白色，密布黑褐色横斑。雌鸟体型稍大，上体褐色，下腹和尾下覆羽为淡棕栗色，缀黑褐色纵纹或矢状斑。虹膜黑褐色；眼圈和蜡膜黄色；嘴蓝灰色，尖端黑色；脚、趾黄色，爪黑色。

识别要点 上体为暗蓝灰色，眉纹白色，颊部具垂直向下的黑色髭纹，喉至腿前白色，胸、腹部具黑色纵纹，下腹部至尾下覆羽棕栗色。尾羽灰色或褐色，尾羽腹面具横斑。

生　境 常栖息于开阔平原、旷野、耕地、海岸、疏林和林缘地带，也见于村庄附近。

生活习性 常单独或成对活动。黄昏活动频繁。飞行速度快，短暂的扇翅飞行后能滑翔。主要以麻雀、山雀等鸟类为食，偶尔捕食蜻蜓、蟋蟀、蝗虫、天牛、金龟子等昆虫。繁殖期 5~7 月，窝卵数通常 2~4 枚。

132 猛隼 *Falco severus*

英 文 名 Oriental Hobby

别　　名 无

分类地位 隼形目（Falconiformes）、隼科（Falconidae）

保护级别 国家二级

形态特征 小体型猛禽，体长约 25 cm，体重约 180 g。头顶、头侧、枕、后颈和上背均为黑色；背部以下、腰、翅覆羽、尾上覆羽和尾羽均为淡灰色，具黑色羽轴纹；中央尾羽灰色，具黑色浅横斑，外侧尾羽内翈具明显的黑色或肉桂皮黄色横斑；初级飞羽和次级飞羽黑色，内翈具红棕色或淡灰棕色横斑和斑点，内侧次级飞羽与背同色，微缀浅棕色。喉部和颈为棕白色或皮黄白色；其余下体暗栗红色，胸侧微具黑色羽干纹，翼下覆羽和腋羽暗栗色。虹膜黑褐色；嘴淡蓝灰色，先端黑色；跗跖与趾黄色，爪黑色。

识别要点 头部和飞羽黑色，上体通常淡灰色；喉部和颈为棕白色或皮黄白色，下体及翼下为暗栗色。虹膜黑褐色；嘴淡蓝灰色。

生　　境 常栖息于稀疏林木或者小块丛林的低山丘陵和山脚平原地带。

生活习性 常单独或成对活动。清晨和黄昏活动频繁。主要以鞘翅目昆虫、小鸟和蝙蝠为食，也捕食蜥蜴和老鼠等动物。繁殖期 4~6 月，窝卵数通常 3~4 枚。

133 游隼 *Falco peregrinus*

英 文 名 Peregrine Falcon

别　　名 花梨鹰

分类地位 隼形目（Falconiformes）、隼科（Falconidae）

保护级别 国家二级

形态特征 中等体型猛禽，体长 41~51 cm，体重 647~825 g。头顶和后颈均为灰黑色；脸颊具下垂的黑色髭纹。背、肩为蓝灰色，具黑褐色羽干纹和横斑；腰和尾上覆羽为浅蓝灰色，具黑褐色窄横斑；尾暗蓝灰色，具黑褐色横斑和淡色尖端；翅上覆羽淡蓝灰色，具黑褐色羽干纹和横斑；飞羽黑褐色，具污白色端斑和微缀棕色斑纹，内翈具灰白色横斑；翅长而尖。上胸和颈侧具细的黑褐色羽干纹，其余下体具黑褐色横斑，翼下覆羽、腋羽和腿覆羽白色，具密集的黑褐色横斑。虹膜暗褐色；蜡膜黄色；嘴铅蓝灰色，嘴基部黄色，嘴尖黑色；脚和趾橙黄色，爪黄色。

识别要点 脸颊具下垂的黑色髭纹；头至后颈均为灰黑色，其余上体蓝灰色；上胸具黑褐色羽干纹，下胸至尾下覆羽具密集的黑褐色横斑；尾具黑褐色横斑。翅长而尖。

生　　境 常栖息于山地、丘陵、半荒漠、沼泽与湖泊沿岸地带，也见于开阔的农田、耕地和村庄。

生活习性 常单独活动。性情凶猛。常先快速鼓翼飞行后伴随一阵滑翔。主要以野鸭、鸥、鸠鸽类、乌鸦和鸡类等中小型鸟类为食，也捕食鼠类和野兔等小型哺乳动物。繁殖期 4~6 月，窝卵数通常 2~4 枚。

134 绯胸鹦鹉 *Psittacula alexandri*

英 文 名 Red-breasted Parakeet

别　　名 无

分类地位 鹦形目（Psittaciformes）、鹦鹉科（Psittacidae）

保护级别 国家二级

形态特征 中等体型鸟类，体长 26~37 cm，体重 85~170 g。雄鸟前额具黑色线，沿两侧向后伸至眼先；眼先和眼周蓝灰色，其余头部灰色。后颈及颈侧辉绿色，背、肩、内侧覆羽和内侧飞羽均为绿色，外侧中、大覆羽均为金绿色，羽端具暗色虫蠹状斑；第 1 枚飞羽暗褐色，具土黄色狭缘，其余飞羽羽干黑褐色，外翈及羽端绿色且具金黄色狭缘，内翈暗褐色且具土黄色缘；尾羽狭窄且尖，中央 2 枚尾羽甚狭长，呈蓝色，两侧尾羽往外侧逐渐变短，外翈蓝色，内翈绿色至金绿色，羽干黑褐色。颏、喉黑色，并延伸至颈侧；下体余部及翅下覆羽绿色，胸部及上腹紫灰色，下腹绿色。雌鸟头较蓝灰色，喉、胸橙红色，缺少紫灰色沾染，中央尾羽一般比雄鸟短。虹膜雄鸟黄色，雌鸟黄白色；雄鸟上嘴红色，下嘴黑色，雌鸟嘴黑色；脚暗黄绿色或石板黄色。

识别要点 上体绿色，眼先及额基部具黑色线，颏及喉部黑色；胸部及上腹紫灰色，下腹绿色；翅下覆羽绿色。雄鸟上嘴红色，下嘴黑色。雌鸟嘴黑色。

生　　境 常栖息于海拔相对较低的山区常绿阔叶林。

生活习性 常十余只至数十只成群活动。性温顺。日行性。善攀缘。主要以浆果、坚果等果实为食，也取食种子、花蜜、嫩枝、幼芽、谷物和昆虫。繁殖期 3~5 月，窝卵数通常 3~4 枚。

135 蓝背八色鸫 *Pitta soror*

英 文 名 Blue－rumped Pitta

别　　名 无

分类地位 雀形目（Passeriformes）、八色鸫科（Pittidae）、海南特有亚种

保护级别 国家二级

形态特征 中等体型鸟类，体长22～24 cm，体重91～135 g。前额红褐色，头顶至背均为蓝绿色，具金属光泽；眼周、眼先和眉区均为锈红色，眼后具1条浅黑纹。下背至腰蓝色，肩、两翅覆羽和内侧飞羽绿色，羽缘黄褐色；初级覆羽和初级飞羽暗褐色，初级覆羽外翈沾黄褐色，初级飞羽外翈橄榄褐色，内翈基部具淡黄褐色块斑，羽端缘亮黄褐色；尾上覆羽亮绿色，尾羽暗绿色。下体颏、喉白色，少数粉红色；胸黄色缀粉红色；腹和两胁茶黄色，腹中部较浅淡，下腹白色沾棕色；翅下覆羽灰褐色具黄褐色斑，腋羽淡黄褐色，尾下覆羽棕白色。虹膜褐色或暗褐色；嘴黄褐色；跗跖黄褐色或肉黄色。雌鸟头顶至背为绿色。海南亚种的翅稍短。

识别要点 前额红褐色，头顶至背均为蓝绿色，腰蓝色；颏、喉白色，胸黄色缀粉红色。腹和两胁茶黄色。嘴黄褐色。

生　　境 常栖息于热带常绿阔叶林中。偏好疏林、灌丛、次生林和小树丛，有时也见于村边树林和灌丛中。

生活习性 单个或成对活动。行动敏捷，善跳跃。主要以鳞翅目、鞘翅目幼虫和金龟子、蚂蚁和蜂类为食。

136 仙八色鸫 *Pitta nympha*

英 文 名 Fairy Pitta

别　　名 无

分类地位 雀形目（Passeriformes）、八色鸫科（Pittidae）

保护级别 国家二级

形态特征 中等体型鸟类，体长 18~22 cm，体重 48~70 g。头深栗褐色，中央冠纹黑色；眉纹狭长，皮黄白色，自额基一直延伸到后颈两侧；眉纹下具 1 条黑色宽贯眼纹，该纹经眼先、颊、耳羽直到后颈，形成领斑状。背、肩和内侧次级飞羽表面亮绿色，腰、尾上覆羽和翅上小覆羽蓝色，具光泽；中覆羽、大覆羽绿色微缀蓝色；初级覆羽和飞羽黑色，第 1~2 枚初级飞羽外翈黑色，羽端较淡呈灰褐色，其余初级飞羽外翈中段白色，形成明显的白色翼斑；次级飞羽外翈绿色，羽端染蓝绿色；尾黑色，羽端沾蓝色。喉白色，胸皮黄白色，腹中部和尾下覆羽血红色。虹膜褐色或暗褐色；嘴黑色；跗跖和趾肉红色或淡黄褐色。

识别要点 头深栗褐色，中央冠纹黑色，眉纹皮黄白色；头侧具 1 条黑色宽贯眼纹；背亮绿色，腰、尾上覆羽及翅上小覆羽蓝色。喉白色，胸、腹皮黄白色；腹中央和尾下覆羽血红色。

生　　境 常栖息于茂密的森林和林缘灌丛与疏林地带。

生活习性 常单独活动。性机警而胆怯，行动敏捷，善跳跃，多在地上跳跃行走。主要以昆虫为食，也捕食蚯蚓等其他动物。繁殖期 5~7 月，窝卵数通常 4~6 枚。

137 蓝翅八色鸫 *Pitta moluccensis*

英 文 名 Blue-winged Pitta

别　　名 五色轰鸟、印度八色鸫

分类地位 雀形目（Passeriformes）、八色鸫科（Pittidae）

保护级别 国家二级

形态特征 中等体型鸟类，体长 19~21 cm，体重 74~90 g。自前额经头顶、枕到后颈具 1 条黑色中央冠纹；额部黑色冠纹较窄，前额余部和黑色中央冠纹两侧为红棕色；其余头侧，包括眼先、眼周、颊部、耳羽、颈侧均为黑色，在头侧形成 1 条黑色宽贯眼纹，延伸到后颈与中央冠纹相连，形成领斑状黑斑。背、肩和内侧次级飞羽均为绿色，腰、尾上覆羽和翅上小覆羽均为亮紫蓝色，中覆羽紫蓝色，羽基缀蓝绿色，大覆羽蓝绿色，端部紫蓝色；初级覆羽、小翼羽、初级飞羽均为黑色，最外侧 5~6 枚初级飞羽基部具大白斑，其余 4~6 枚初级飞羽羽端多为白色，次级飞羽黑色，外翈端部缀蓝绿色；尾黑色，端部蓝绿色。颏、喉白色，颏部羽端黑色，喉和颈侧下部白色；胸、腹和两胁栗色，胸部色浓；腹中部和尾下覆羽血红色，腋羽黑色。虹膜暗褐色或棕褐色；眼周皮肤蓝色；嘴角褐色或黑色；跗跖棕褐色或粉肉色。

识别要点 中央冠纹黑色，两侧具红棕色条带，贯眼纹黑色。背绿色，翅上飞羽具大白斑；腰、尾上覆羽及翅上覆羽均为蓝色。喉白色，胸、腹栗色；腹中央和尾下覆羽血红色；尾黑色，前端蓝色。

生　　境 常栖息于热带雨林中，尤其是疏林、灌丛、次生林和小树丛内，也见于村边树林和灌丛中。

生活习性 常单独活动，也成 2~3 只小群。行动敏捷，善跳跃。主要以昆虫和其他小型无脊椎动物为食。繁殖期 5~7 月，窝卵数通常 4~6 枚。

138 银胸丝冠鸟　*Serilophus lunatus*

英 文 名　Sliver–breasted Broadbill

别　　名　银胸丝阔嘴鸟

分类地位　雀形目（Passeriformes）、阔嘴鸟科（Eurylaimidae）、海南特有亚种

保护级别　国家二级

形态特征　中等体型鸟类，体长 16~18 cm，体重 21~39 g。雄鸟前额基部白色；头顶和枕为灰棕色；自眼先延伸至后颈两侧，具黑色宽眉纹。上背和肩为烟灰褐色微缀蓝色或锈色，下背、腰至尾上覆羽由红色渐变为栗色；两翅覆羽黑色，翼缘白色，翼角缀浅蓝色；第 1 枚初级飞羽外翈黑色，最内侧 2 对飞羽栗色，其外翈基部亮蓝色，内翈基部白色，其余飞羽黑色；外侧初级飞羽外翈末端白色，内翈端部缀蓝灰色，次级飞羽外翈端部蓝灰色和白色，内翈端部棕栗色；尾黑色，凸尾形，中央 2 对尾羽黑色，其余尾羽具白色宽端斑。下体淡银灰白色，颏、喉近白色，胸淡棕黄色；翼下覆羽黑褐色，具灰白色细斑，腋羽灰白色，尾下覆羽纯白色，腿覆羽和跗跖上部黑色。雌鸟羽色和雄鸟相似，上胸具银白色环带。虹膜暗褐色；眼周裸露皮肤黄色；嘴扁，天蓝色，基部橙色。

识别要点　头顶、枕均为灰棕色；眼周黄色；眉纹黑色。下背、腰至尾上覆羽由红色渐变为栗色；中央 2 对尾羽黑色。雌鸟似雄鸟，上胸具银白色环带。嘴扁，天蓝色，基部橙色。

生　　境　常栖息于海拔 1 500 m 以下的热带、亚热带山地森林中，也见于林缘、溪边树木或灌丛。

生活习性　常成 10~20 只小群活动。多在树冠层下活动。具较强的团队意识，一只被捕获，其余的个体会在附近盘旋，试图营救同伴。主要以昆虫为食，偏好蝽象、蝗虫、象甲、天牛等昆虫。窝卵数通常 4~5 枚。

139 大盘尾 *Dicrurus paradiseus*

英文名 Greater Racket-tailed Drongo

别　名 大拍卷尾、长尾姑、带箭鸟

分类地位 雀形目（Passeriformes）、卷尾科（Dicruridae）、海南特有亚种

保护级别 国家二级

形态特征 大体型鸟类，体长约 33 cm，含尾羽可达 66 cm。雄鸟通体黑色，额部羽簇长而卷曲，形成直立羽冠；头顶、背、胸、两翅和尾表面均具蓝绿色光泽；尾叉状，最外侧 1 对尾羽极长，近端的内翈较外翈明显变宽，末端的外翈较内翈明显变宽，形成扭曲状。下体黑褐色。雌鸟和雄鸟相似，但较少光泽，羽色较暗。虹膜红色到深红色；嘴、脚、爪黑色。海南亚种冠羽较宽，较钝，额羽不发达。

识别要点 体羽黑色，具蓝绿色光泽。额部羽簇长而卷曲，形成直立羽冠。尾叉状，外侧 1 对尾羽极长，末端羽片变宽，扭曲。

生　境 常栖息于热带阔叶雨林、低山丘陵和山脚平原地带的常绿阔叶林和次生林中，也常见于竹林、农田和村落附近的小块丛林、果园和疏林草坡等开阔地带。

生活习性 常单独或成对活动，也成 3~5 只小群。常停息在空旷处的孤树上。主要以蝗虫、蚱蜢等昆虫为食，也捕食蛙、蜥蜴等动物。繁殖期 4~6 月，窝卵数通常 3~4 枚。

140 黄胸绿鹊 *Cissa hypoleuca*

英 文 名 Yellow-breasted Magpie

别　　名 东方绿鹊、印支绿鹊

分类地位 雀形目（Passeriformes）、鸦科（Corvidae）、海南特有亚种

保护级别 国家二级

形态特征 中等体型鸟类，体长 30~34 cm，体重 118~155 g。雄鸟额、头顶、枕和羽冠及头侧和后颈均为蓝绿色；自嘴角、眼先起具 1 条黑色宽贯眼纹，经眼延伸到后颈，形成黑色宽环带。肩、背、腰、尾上覆羽和中央尾羽均为紫蓝绿色，其余尾羽蓝绿色，两翅除第 1 枚初级飞羽和最内侧数枚飞羽为栗褐色外，其余飞羽均为棕褐色，外翈栗红色，且越往内侧栗红色越多，最内侧数枚飞羽末端绿色或蓝色。颏、喉绿色，其余下体浅蓝绿色，胸部多蓝色。雌鸟和雄鸟大致相似，但较少绿色，体羽多呈浅蓝色或浅蓝沾绿色。嘴、脚橙黄色。海南亚种中央尾羽黄色较重，尾端灰色。

识别要点 自嘴角、眼先起具 1 条黑色宽贯眼纹，经眼延伸到后颈，形成黑色宽环带；下体浅蓝绿色，胸部较多蓝色；嘴、脚橙黄色。

生　　境 常栖息于海拔 1 500 m 以下山地森林或次生林和林缘疏林。

生活习性 常单独、成对或集小群活动。主要以昆虫为食，也取食植物果实、种子。

141 海南画眉 *Garrulax owstoni*

英文名 Hainan Hwamei

别　名 虎鸫、金画眉

分类地位 雀形目（Passeriformes）、噪鹛科（Leiothrichidae）、海南特有种

保护级别 国家二级

形态特征 中等体型鸟类，体长21~24 cm。额棕色，头顶至上背棕褐色；自额至上背均具黑色宽纵纹，纵纹前段色深，后部色淡；眼圈白色，眉纹白色，较短。头侧包括眼先和耳羽均为暗棕褐色，其余上体包括翅上覆羽棕橄榄褐色；两翅飞羽暗褐色，外侧飞羽、内侧飞羽外翈棕橄榄褐色；尾羽浓褐色或暗褐色，具多道浅黑褐色横斑，尾末端较暗褐。颏、喉、上胸和胸侧棕黄色杂以黑褐色纵纹，其余下体亦为棕黄色；两胁较暗，无纵纹，腹中部污灰色，肛周沾棕色，翼下覆羽棕黄色。

识别要点 上体棕褐色，头顶至上背棕褐色具黑色纵纹，下体棕黄色，喉至上胸具黑色纵纹，腹中部污灰色。

生　境 常栖息于海拔1 800 m以下的开阔林地。

生活习性 常单独、成对或成小群活动。性机敏胆怯，好隐匿。繁殖期3~7月，窝卵数通常3~5枚。

142 黑喉噪鹛 *Garrulax chinensis*

英 文 名 Black-throated Laughingthrush

别　　名 黑喉笑鸫、珊瑚鸟

分类地位 雀形目（Passeriformes）、噪鹛科（Leiothrichidae）、海南特有亚种

保护级别 国家二级

形态特征 中等体型鸟类，体长 23~29 cm，体重 80~99 g。额基、眼先、眼周、颊、颏和喉均为黑色，额基黑斑上面具白斑，头顶至后颈为灰蓝色，眼后具一大块白斑，颈侧具明显的白色或棕褐色斑带。上体通常橄榄褐色；两翅覆羽与背同色，飞羽黑褐色，外侧飞羽外翈灰色或银灰色，内侧飞羽与背同色；尾暗橄榄褐色或橄榄灰褐色，具黑色端斑，往外侧尾羽黑色端斑扩大，到最外侧几乎全为黑色；中央 1 对尾羽具暗色横斑。胸橄榄灰色或橄榄灰褐色，往后变为橄榄褐色。虹膜棕红色或洋红色；嘴黑褐色或黑色；脚褐色。海南亚种头顶深蓝灰色，与背部区别明显，背部棕褐色；眼后无白色块斑。

识别要点 额、眼周、颏及喉部均为黑色。颈侧具明显的白色或棕褐色斑带。尾暗橄榄褐色或橄榄灰褐色，具黑色端斑。

生　　境 常栖息于海拔 1 500 m 以下低山和丘陵地带的常绿阔叶林、热带季雨林和竹林中，也见于农田地边、村寨附近及滨海的次生林和灌木林中。

生活习性 常成数只或 10 多只的小群活动，也单独和成对活动。主要以蚂蚁、蟒象、象甲、步行虫等昆虫为食，也取食部分植物果实和种子。繁殖期 3~8 月，1 年繁殖 2 次，窝卵数通常 3~5 枚。

143 鹩哥 *Gracula religiosa*

英 文 名 Hill Myna

别　　名 九宫鸟

分类地位 雀形目（Passeriformes）、椋鸟科（Sturnidae）

保护级别 国家二级

形态特征 中等体型鸟类，体长 23~31 cm，体重 16~26 g。眼先和头侧被黑色短羽，头顶中央羽毛硬密、卷曲；眼下裸露皮肤斑橙黄色，头后两侧具鲜黄色肉垂。通体黑色，具紫黑色金属光泽；背、肩具紫黑色金属光泽，腰和尾上覆羽具绿黑色光泽，两翅和尾黑色而少光泽；初级飞羽基部白色，形成白色宽翅斑。颏、喉蓝黑色，其余下体黑色，羽缘具紫黑色金属光泽。虹膜褐色，具白色外圈；嘴橙黄色；脚亮黄色。

识别要点 头后两侧具鲜黄色肉垂。体羽黑色，具紫黑色金属光泽。初级飞羽基部白色，形成白色宽翅斑。嘴橙黄色，脚亮黄色。

生　　境 常栖息于低山丘陵和山脚平原地区的次生林、常绿阔叶林、落叶阔叶林、竹林和混交林。

生活习性 常成 3~5 只小群或 10~20 只的大群。社会性行为极强。主要以蝗虫、蚱蜢、白蚁等昆虫为食，也取食无花果、榕果等植物果实和种子。繁殖期 4~6 月，窝卵数通常 2~3 枚。

144 红喉歌鸲　*Calliope calliope*

英 文 名　Siberian Rubythroat

别　　名　红点颏

分类地位　雀形目（Passeriformes）、鹟科（Muscicapidae）

保护级别　国家二级

形态特征　小体型鸟类，体长 14~17 cm，体重 16~27 g。雄鸟上体橄榄褐色，额和头顶较暗沾棕褐色，具明显的白色眉纹和颊纹；眼先、颊黑色，耳羽橄榄褐色，有时微具细的淡褐色或沙褐白色羽干纹。两翅覆羽和飞羽暗棕褐色，外翈羽缘棕色。尾上覆羽橄榄褐色微沾黄棕色，尾羽暗棕褐色，羽缘浅棕色。下体颏、喉红色，胸灰色或灰褐色，腹白色有时微沾浅棕黄色，两胁和尾下覆羽沙褐色或棕褐色。雌鸟羽色和雄鸟大致相似，但颏、喉为白色，胸沙褐色，眉纹和颊纹棕白色。虹膜褐色或暗褐色；嘴黑褐色或暗褐色，基部较浅淡。

识别要点　体羽大部分为橄榄褐色；具明显的白色眉纹和颊纹。雄鸟喉部红色；雌鸟喉部白色。

生　　境　常栖息于低山丘陵和山脚平原地带的次生阔叶林和混交林中，也见于平原地带繁茂的草丛或芦苇丛间，偏好靠近溪流的近水地带。

生活习性　常在地面上活动。主要以甲虫、叩头虫、蚂蚁和鳞翅目等昆虫为食，也取食少量植物性食物。繁殖期 5~7 月，窝卵数通常 4~6 枚。

145 蓝喉歌鸲 *Luscinia svecica*

英 文 名 Bluethroat

别　　名 蓝点颏

分类地位 雀形目（Passeriformes）、鹟科（Muscicapidae）

保护级别 国家二级

形态特征 小体型鸟类，体长 12~16 cm，体重 13~22 g。雄鸟眼先黑褐色，颊和耳羽与背同色。头顶色暗，有时微具黑色纵纹，眉纹白色；前额、头顶、背、肩、两翅表面和最长的尾上覆羽均为土褐色；腰淡棕色，尾上覆羽栗红色，中央 1 对尾羽黑褐色，其余尾羽基部栗红色，端部黑褐色，翅上覆羽与背同色，飞羽暗褐色，羽缘较淡。下体颏、喉亮蓝色，喉下至胸部具黑、白、橙三种颜色的胸带（不同亚种有差异）；其余下体白色，两胁和尾下覆羽棕白色。雌鸟上体羽色较雄鸟淡，除具白色眉纹外，还具白色颊纹。颏、喉白色或棕白色，喉和上胸两侧具黑褐色条纹；胸黑褐色，形成 1 条宽的黑褐色胸带，两端与两侧纵带相接，其余同雄鸟。虹膜暗褐色；嘴黑色；脚暗褐色或肉褐色。

识别要点 上体土褐色，眉纹白色；喉部亮蓝色；两胁和尾下覆羽棕白色。雌鸟喉部无栗色块斑，颏、喉白色或棕白色。

生　　境 常栖息于山地森林、灌丛和林缘疏林的溪流、湖泊等水域附近。

生活习性 常单独或成对活动。性胆怯，行动极为隐密，常在地面上奔跑或在灌丛枝间跳跃。主要以甲虫、蝗虫、鳞翅目等昆虫及其幼虫为食。繁殖期 5~7 月，窝卵数通常 4~7 枚。

146 棕腹大仙鹟 *Niltava davidi*

英文名 Fujian Niltava

别　名 福建仙鹟

分类地位 雀形目（Passeriformes）、鹟科（Muscicapidae）

保护级别 国家二级

形态特征 小体型鸟类，体长15~18 cm，体重24~28 g。雄鸟前额、眼先和头侧均为黑色，头顶前、两侧眉区辉钴蓝色，颈两侧各具1条短带斑。腰、尾上覆羽和小覆羽均为辉钴蓝色；头顶后部、枕、后颈、背、肩和两翅表面均为深蓝色；飞羽黑褐色，羽缘暗蓝色；中央尾羽鲜蓝色，其余尾羽黑褐色。颏、喉黑色，胸、腹等其余下体橙棕色，腋羽和翅下覆羽橙棕色。雌鸟上体橄榄色；眼先赭棕色，眼周暗黄色，头侧、颈侧橄榄褐色，颈侧具辉钴蓝色斑；飞羽褐色，初级飞羽和次级飞羽外翈赭褐色或淡棕褐色。颏淡棕褐色，喉、胸、两胁橄榄褐色，下喉具2个白色星月形斑与颈侧钴蓝色斑相连；尾棕褐色，尾上覆羽橄榄棕色，腹和尾下覆羽白色，翼下覆羽赭皮黄色，腋羽淡橄榄褐色。虹膜暗褐色；嘴黑色；脚暗紫褐色、棕褐色或黑褐色。

识别要点 雄鸟前额、眼先、耳羽、颏、喉黑色；头顶后部、背、肩等其余上体及翅、尾表面均为深蓝色；胸、腹等其余下体橙棕色。雌鸟眼先赭棕色；颏淡棕褐色；颈侧具辉钴蓝色斑，与下喉的2个白色星月形斑相连；喉、胸和两胁橄榄褐色；尾棕褐色。

生　境 常栖息于低山常绿阔叶林、落叶阔叶林和混交林中，也见于林缘疏林和灌丛。

生活习性 常单独或成对活动。多停留在灌木或幼树枝上，发现食物后捕食。主要以昆虫为食。

147 黄胸鹀 *Emberiza aureola*

英 文 名 Yellow－breasted Bunting

别　　名 禾花雀、麦黄雀

分类地位 雀形目（Passeriformes）、鹀科（Emberizidae）

保护级别 国家一级

形态特征 小体型鸟类，体长 13~16 cm，体重 18~29 g。雄鸟繁殖季嘴基、额、眼先、头侧、颏和上喉均为黑色，头顶至背部暗栗褐色，具黑色纵斑；翅黑褐色，羽缘褐色，大覆羽前端及中覆羽白色；尾黑褐色，外侧尾羽白色。颈及上胸部、下腹鲜黄色，胸部具栗色横带，胁部具暗栗色纵斑，尾下覆羽白色。非繁殖季羽色较淡，头上、耳羽具乳黄色斑，头侧、喉至胸部略带乳黄色。雌鸟头顶栗褐色，具粗的黑色中央纵纹，头侧栗褐色，具黑色宽纵纹；眼先和长的眉纹黄白色；耳羽暗黑色；背、肩等上体灰褐色，具黑色粗纵斑；腰和尾上覆羽栗红色。翅、尾羽黑褐色。下体淡黄色，胸无横带，少数个体胸部具细的黑褐色纵纹，两胁具黑褐色纵纹。

识别要点 雄鸟繁殖季嘴基、额、眼先、头侧、颏和上喉均为黑色，头顶和上体暗栗褐色；非繁殖季羽色较淡，颏及喉乳黄色。雌鸟上体褐色，具粗的黑色中央纵纹；腰和尾上覆羽栗红色。

生　　境 常栖息于低山丘陵和开阔平原地带的灌丛、草甸、草地和林缘地带，尤其喜欢溪流、湖泊和沼泽附近的灌丛、草地。

生活习性 繁殖期常单独或成对活动，非繁殖期成群活动。性胆怯。繁殖季节主要以昆虫及其幼虫为食，也取食部分小型无脊椎动物和草籽、种子和果实等食物。繁殖期 5~7 月，窝卵数 3~6 枚，通常 4~5 枚。

第六章　哺乳纲 MAMMALIA

148 猕猴　*Macaca mulatta*

英 文 名　Rhesus Monkey

别　　名　猢猴、黄猴、恒河猴、广西猴

分类地位　灵长目（Primates）、猴科（Cercopithecidae）、海南特有亚种

保护级别　国家二级

形态特征　中等体型，头体长 43~60 cm，尾长 15~32 cm，体重 5~10 kg。颜面瘦削，裸露无毛，轮廓分明；头顶棕色，无漩毛；额略突，眉骨高，眼窝深，具颊囊。鼻骨短，左右密连，稍呈三角形。面部、耳多为肉色。门齿中间 1 对较大，外侧 1 对较小。犬齿较尖长，与门齿隔一间隙。前臼齿较小。臼齿大。体背毛上半部棕褐色，腰部以下至尾基部及下肢内侧棕红色，毛基部灰色，腹面淡灰色，尾后半段颜色深暗，呈黑褐色。臀胝发达，呈红色。尾较长，约为体长的 2/5。

识别要点　颜面瘦小，额略突，头顶无漩毛。具颊囊。

生　　境　常栖息于树林中，喜欢在岩石嶙峋、溪旁沟谷地带或河岸石壁上活动。

生活习性　集群生活，常成数只或数十只小群，由猴王带领，群居于森林中。昼夜活动，一般于 8:00~9:00 和 13:00~16:00 进食，清晨常到溪边喝水。喜攀藤上树，喜峭壁岩洞。主要以树叶、嫩枝、野菜等为食，也捕食各种昆虫、小鸟、鸟蛋，甚至蚯蚓、蚂蚁。采食野果，贪婪嗜争，边采边丢，只食甜熟果子，未熟果子则丢弃。每年产仔 1 次。寿命可达 20 多年。

149 海南长臂猿 *Nomascus hainanus*

英 文 名 Hainan Gibbon

别　　名 海南黑长臂猿、乌猿、人熊

分类地位 灵长目（Primates）、长臂猿科（Hylobatidae）、海南特有种

保护级别 国家一级

形态特征 中等体型，体长 40~60 cm，体重 7~8 kg。眼眶大，眶上脊明显。门齿中间 1 对齿面平直，外侧 1 对齿面钝尖。前肢明显长于后肢。手指掌比脚趾掌长。无颊囊。尾巴退化。两性间毛色差异较大。雄性通体黑色，嘴边有几根白毛，头上有一簇毛；雌性毛色从黄灰色到淡棕色，头顶部和腹部各有 1 个黑斑。

识别要点 雄性黑色，雌性黄色，前肢比后肢长，无颊囊，尾巴退化。

生　　境 常栖息于海拔 600~1 200 m 的热带雨林。

生活习性 完全树栖，营家族式生活。具一定的领域性。每天天还没亮，猿群就开始第一声鸣叫，刚开始是公猿的高声啼鸣，随后是母猿的喧闹和歌唱，整个过程持续约 15 min。主要以多种热带野果、嫩叶、花苞为食，偶尔也会吃昆虫、鸟蛋等动物性食物。极少下地饮水，主要靠饮叶片的露水，也用手从树洞里取水喝。雄性一般 9 岁达性成熟，寿命可达 30 年。

150 穿山甲 *Manis pentadactyla*

英 文 名 Chinese Pangolin

别　　名 鲮鲤、麒麟

分类地位 鳞甲目（Pholidota）、鲮鲤科（Manidae）、海南特有亚种

保护级别 国家一级

形态特征 头体长 42~92 cm，尾长 28~35 cm，体重 2.4~7.0 kg。身体狭长，全身除腹部外均被覆瓦状鳞甲，鳞片间杂有数根刚毛。鳞甲有褐色或棕褐色，幼兽常为棕褐色。颜面、腹面从下颌经胸腹至尾基部及四肢内侧无鳞甲，着生稀毛。两颊、眼和耳部亦被毛。头小，呈圆锥状，眼小，吻尖，舌长，无齿。鼻骨长，眶小，颧弓不完整。四肢短，前肢比后肢长；前足爪长于后足爪，中间趾爪特别粗长。前后足掌裸露，无掌垫、趾垫和指垫。雌性具 2 对乳头，位于胸腹部。

识别要点 体被鳞甲，头细，眼小，舌长，无齿，四肢短，前肢比后肢长。

生　　境 常栖居于丘陵山地的树木、灌丛、杂草丛等环境中。

生活习性 独居，善挖掘洞穴。白天极少活动，夜晚觅食。主要以白蚁为食，也捕食黑蚁或蚁的幼虫及其他昆虫的幼虫，从不食素。遇敌或受惊时蜷成一团，头部裹在腹前方，并常伸出一前肢作防御状。若在密丛中有躲避处，遇人或敌害，则迅速逃走。通常每胎产 1 仔。

151 黑熊 *Ursus thibetanus*

英 文 名 Asiatic Black Bear

别　　名 熊、狗熊、黑瞎子

分类地位 食肉目（Carnivora）、熊科（Ursidae）

保护级别 国家二级

形态特征 头体长 110~177 cm，尾长 5~16 cm，体重 54~240 kg。体肥壮，四肢粗，头较宽，吻较短，鼻端裸出，眼小，耳长而显著，被有长毛。尾极短。前后足均具 5 趾，爪弯曲，前趾爪较后趾爪粗壮。前足的腕垫宽大，与掌垫相连，掌垫与趾垫间着生栗棕色毛。全身黑色，鼻和颜面部栗棕色，眉额部有稀疏的白毛，下颏白色，胸部具"V"形白斑，尖端指向后胸。幼兽毛色稍浅淡，黑色毛区缀棕褐色，下颏白色，胸部具"V"形白斑。

识别要点 体肥壮，四肢粗，头宽，尾极短。体黑色。胸部具一明显的"V"形白斑。

生　　境 常栖息于山区原始林或次生林中。

生活习性 常夜间活动，白天则躲在树洞或岩洞中休息。主要以各种浆果、植物嫩叶、竹笋和苔藓等为食，也吃蜂蜜，还取食各种昆虫、蛙、鱼及腐肉。多在冬季或翌年春季产仔，每次产 2 仔。

152 黄喉貂 *Martes flavigula*

英 文 名 Yellow－throated Marten

别　　名 黄猺狸、两头乌、蜜狗、海南青鼬

分类地位 食肉目（Carnivora）、鼬科（Mustelidae）、海南特有亚种

保护级别 国家二级

形态特征 体型较小，体长45～56 cm。头较尖细，鼻端裸露，鼻垫发达，耳小而圆。四肢较短，具5趾，爪弯曲锐利。尾长超过体长一半。额、头顶和两颊为褐色，后头至颈背混杂橙黄色毛尖的毛，头部黑斑消失，形成2条黑色的耳后纹。颏部白色，颈侧及喉部甚至胸部为橙黄色，界线分明。背毛赤黄色，向后至臀部颜色变暗；背脊稍杂黑色，自腰椎脊部以后形成较明显的黑色脊线。腹毛比背毛颜色浅，两区无明显分界。四肢足部及尾均为暗褐色。

识别要点 耳小而圆，头和尾部暗褐色，颏部白色，喉、胸部鲜橙黄色。

生　　境 常栖息于面积较大的森林中，平原和丘陵地带很少。

生活习性 具有较强的环境适应能力。典型的食肉兽，主要以昆虫、鱼类及小型鸟兽为食。除动物性食物外，也采食一些野果、浆果。

153 大灵猫 *Viverra zibetha*

英 文 名 Large Indian Civet

别　　名 九尾狐、禾狸

分类地位 食肉目（Carnivora）、灵猫科（Viverridae）、海南特有亚种

保护级别 国家一级

形态特征 体重 5~8 kg。头较小，吻尖，躯体瘦长，尾长超过体长的一半。四肢较短，各具 5 趾。雌雄的会阴部均具有发达的芳香腺。足掌除掌垫外，均被覆绒密短毛。全身浅灰棕的毛色上杂以不甚规则的黑褐色斑纹。头部浅灰黄色；耳下及耳后至前肩具 3 条褐色横纹，中间被灰白色横纹所隔；自头后至尾基部，具 1 条极明显的黑色粗硬长毛构成的背鬣；由腰部起至尾基具 2 条白色纵纹，各镶在背两侧。体侧至腹下黑褐色渐次减少变为灰棕色。尾部具 4~6 个黑白相间的环，白环较狭，黑环较宽。腹部灰棕色，四肢均为黑褐色。

识别要点 体背具极明显的黑色粗硬长毛构成的背鬣。自腰部起至尾基具 2 条白色纵纹。尾部具 4~6 个黑白相间的环。

生　　境 常栖息于大山密林或丘陵山地的密林中。

生活习性 喜夜行，行动敏捷。生性孤僻、机警，听觉和嗅觉灵敏。善攀登，也善游泳。靠囊状香腺分泌气味定向。食性杂，动物性食物主要包括小型兽类如鼠类、鸟类，两栖爬行类、昆虫等。植物性食物主要包括茄科植物的茎叶、无花果的种子及布渣果、酸浆果等。

154 小灵猫 *Viverricula indica*

英 文 名 Small Indian Civet

别　　名 七间狸、麝猫、香狸、包公狸

分类地位 食肉目（Carnivora）、灵猫科（Viverridae）

保护级别 国家一级

形态特征 体重 2~3 kg。体型瘦长，耳短且圆，两耳内缘相距较近，耳后眼下颜色较深，呈棕黑色；前额较为狭窄。自耳后至两肩具 2 条黑褐色短纹；体背有棕黑色纵纹，中间 5 条较为明显，两侧条纹时断时续，逐渐变为模糊的斑纹。腹面毛棕黑色，四肢毛深棕褐色。会阴部的芳香腺不发达。尾长大于体长的一半，尾具 7~9 个黑褐色环。全身深灰棕色，体背颜色较深，毛基及绒毛为灰色，毛尖棕色；尾灰黄色，略带棕色，其间嵌有黑褐色环，末端毛灰黄色。

识别要点 体型瘦小，全身深灰棕色，尾具 7~9 个黑褐色环。阴部的芳香腺不发达。

生　　境 常栖息于山地、丘陵、灌草丛中。

生活习性 独居。夜行性。性机敏而胆小，行动灵活，会游泳，善攀缘。具擦香习性。遇到敌害时，会从肛门腺中排出一种黄色而奇臭的分泌物以自卫。食性较杂，主要以动物性食物为主，如虾、蟹、蜈蚣、蚱蜢、蝗虫、小鱼、蛙、蛇、老鼠、小鸟等；植物性食物主要为野果、树根、种子等。

155 椰子猫 *Paradoxurus hermaphroditus*

英 文 名 Common Palm Civet

别　　名 棕榈狸、花果狸

分类地位 食肉目（Carnivora）、灵猫科（Viverridae）、海南特有亚种

保护级别 国家二级

形态特征 头体长 47~57 cm，尾长 47~56 cm，体重 1.15~3.30 kg。体型似小灵猫，吻短。全身大部分为棕黄色，体侧有黑色斑点；头部黑褐色，前额有鲜明白斑；眼上后方及眼下和耳基部有白斑；自额背至尾基部具 5 条明显的黑色纵条纹；腹面灰黄色，部分个体腹面棕色；四肢黑褐色，唯前肢外侧具少许棕黄色毛；尾长超体长，尾深棕黑色，近基端约 1/3 段呈棕黄色。

识别要点 吻短，体背具 5 条明显的黑色纵条纹；尾长超体长，深棕黑色。

生　　境 常栖息于热带和亚热带密林中，也见于次生林和种植园。

生活习性 夜行性，偶有白天活动。半树栖，善于攀缘，常成对觅食。具放臭弹自卫的习性。受惊时，体毛立起来，发出叽叽的吼声。杂食性，有野果季节主要吃野果，如海南蒲桃、山荔枝、野枇杷、对叶榕等，其他季节也捕食一些小型动物。主要在夏季繁殖，每胎产 3~4 仔。

156 豹猫 *Prionailurus bengalensis*

英 文 名 Leopard Cat

别　　名 狸猫、山狸子

分类地位 食肉目（Carnivora）、猫科（Felidae）、海南特有亚种

保护级别 国家二级

形态特征 头体长 36~66 cm，尾长 20~37 cm，体重 1.5~5.0 kg。体型似家猫，但更为纤细，腿更长；头形圆。全身背面体毛为浅棕色，布满棕褐色至淡褐色斑点；从头部至肩部具 4 条棕褐色条纹；两眼内缘向上各具 1 条白纹；耳背具淡黄色斑，胸腹部及四肢内侧白色，斑点较小；尾背具褐色斑点或半环，尾端黑色或暗灰色。

识别要点 体型似家猫，身上遍布棕褐色至淡褐色斑点，从头部至肩部具 4 条棕褐色条纹。

生　　境 常栖息于丘陵地区的树林、竹林或灌木草丛中，也见于郊野或村庄附近较大的园林处。

生活习性 主要为地栖，攀爬能力强。夜行性，晨昏活动较多。独栖或成对活动。善游水，喜在水塘边、溪沟边、稻田边等近水处活动。主要以昆虫、蛙类、蜥蜴、蛇类、小型鸟类、鼠类等动物为食。多春季产仔，每胎产 2~3 仔。

157 云豹 *Neofelis nebulosa*

英 文 名 Clouded Leopard

别　　名 乌云豹、龟纹豹、荷叶豹、什豹

分类地位 食肉目（Carnivora）、猫科（Felidae）

保护级别 国家一级

形态特征 头体长 70～108 cm，尾长 55～92 cm，体重 15～20 kg。全身黄色或灰黄色，体侧自前肢到臀部具不规则的云块状斑纹，云形纹边缘黑色。额部具密集的小黑斑，眼周具不完全的黑环，眼后具 1 条明显纵形黑纹，耳背面黑色，中间具浅灰色斑点，颈背部具 4 条黑纹，中间 2 条止于肩部，外侧 2 条较粗，延续至尾基部，该纹由数个狭长黑斑衔接而成。尾同背色，基部具纵纹，末端具数个黑环。四肢黄色，具长形黑斑。下颌、腹部和四肢内侧黄白色，并具黑斑。

识别要点 体覆盖不规则的深色云块状斑纹，云形纹边缘黑色。四肢黄色，具长形黑斑。

生　　境 常栖息于海拔较高的热带、亚热带原始林或常绿丛林地区。

生活习性 林栖，善攀爬，利用粗长的尾巴保持身体的平衡。白天在树上休息。常伏于树枝上守候猎物，待小型动物临近时，从树上跃下捕食。

158 海南麂 *Muntiacus nigripes*

英 文 名 Indian Muntjac

别　　名 海南赤麂、黑脚麂

分类地位 偶蹄目（Artiodactyla）、鹿科（Cervidae）、海南特有种

保护级别 国家二级

形态特征 体重 15~20 kg。脸部狭长，犬齿发达。前额至吻部毛色微黑，自眶下腺至角分叉处每侧具 1 条较宽而明显的额腺，额腺较长，最后交汇在一起成“V”形。四肢细长。体毛赤褐色，背毛颜色较深，暗褐色。雄兽具角，单叉形，角短而直向后伸展，角基长，角尖向内弯，两尖相对。雌兽无角，但其额顶与雄兽生角的相应部位微具突起，且着生特殊成束的黑毛，如同角茸。

识别要点 赤褐色小型麂。雄兽具角，角短而直向后伸展，角基长，角尖向内弯，两尖相对。犬齿发达。雌兽无角。

生　　境 常栖息于树林、灌丛中，尤喜居稀疏灌丛、稀树草坡地带。

生活习性 生性胆小谨慎，多在夜间或清晨、黄昏觅食，白天隐蔽在灌丛中。受惊时能发出类似狗吠的叫声。活动范围固定。主要以植物嫩枝、叶、花、果实为食。

159 坡鹿 *Panolia siamensis*

英 文 名 Eastern Eld's Deer

别　　名 泽鹿、眉角鹿

分类地位 偶蹄目（Artiodactyla）、鹿科（Cervidae）、海南特有种

保护级别 国家一级

形态特征 体型似梅花鹿，但体躯稍小，体重 60~80 kg。颈细，体长，四肢亦较细长。雌鹿无角，雄鹿具角，主干分叉，弯曲向前与眉叉几乎成弯弓形，角尖端尖细。背鬣不明显。主蹄狭窄而尖，侧蹄小。体毛一般为红棕色，背部颜色较深，体侧及四肢外侧颜色较淡，腹部和四肢内侧为灰白色。脊两旁各具 1 行白斑，直至尾基部，斑点间距 30 mm 左右。臀部具少许白斑，体侧斑点则极模糊。颜面及耳背面为黄褐色，耳缘带黑色，耳内白色。尾背面栗棕色，腹面白色。

识别要点 体型似梅花鹿，但仅在脊旁和臀部具白斑；雄鹿具角，眉叉与主干几乎成弯弓形。

生　　境 常栖息于低海拔、开阔度较高的季节性森林和林缘草地。

生活习性 常成双成对或 3~5 只成群。主要以青草和嫩树枝叶等为食，偏好吃水边或沼泽地里生长的水草。常舔食盐碱土，以补充身体所需的矿物质和盐分等。视觉和听觉敏锐，奔跑迅速，善于跳跃。

160 水鹿　*Cervus equinus*

英 文 名　Sambar

别　　名　黑鹿、水牛鹿

分类地位　偶蹄目（Artiodactyla）、鹿科（Cervidae）、海南特有亚种

保护级别　国家二级

形态特征　头体长 180~200 cm，尾长 25~28 cm，体重 50~125 kg。面部稍长，鼻吻部黑色裸露；耳朵大而直立；眼眶下腺特别发达，泪窝较大。被毛黑褐色，具黑棕色背线，颈部沿背中线具直达尾部的深棕色纵纹，成年雄性在颈部和背部具长鬃毛；腹面黄白色；臀周围锈棕色，无臀斑；尾端部密生蓬松的黑色长毛。雄鹿的角通常 3 叉，雌鹿无角。

识别要点　眼眶下腺特别发达，泪窝较大。颈部沿背中线具直达尾部的深棕色纵纹，尾毛黑色，雄鹿角 3 叉。

生　　境　常栖息于海拔较高的广阔的阔叶林、混交林、稀树草场等。

生活习性　喜群居，无固定巢穴。性机警，感觉灵敏，善奔跑。多早晨、傍晚和夜晚活动。喜水。主要以草、果实、树叶和嫩芽为食。多在冬春季交配，每胎产 1 仔。

161 巨松鼠 *Ratufa bicolor*

英 文 名 Black Giant Squirrel

别　　名 树狗、黑果狸、藤狸、黑猺

分类地位 啮齿目（Rodentia）、松鼠科（Sciuridae）、海南特有亚种

保护级别 国家二级

形态特征 大体型松鼠，头体长 36~43 cm，尾长 40~51 cm，体重 1.3~2.3 kg。头小，耳具明显的毛簇；四肢短。体背面及四肢外侧、足背面和尾均为黑色；眼下自嘴侧具 1 条黑色宽斜纹，颏部通常具 2 个黑色斑点，眼眶黑色；体腹面和四肢内侧鲜黄色或橙黄色，两颊黄色，耳及其短毛簇均为黑色。尾比体长。

识别要点 大体型松鼠。体背面黑色，腹面鲜黄色或橙黄色。耳有蓬松短毛簇。尾比体长。

生　　境 常栖息于中海拔的热带森林，高海拔地区较罕见。

生活习性 树栖，较少集群，行动敏捷，攀登跳跃力强。白昼活动，活动范围较大，具一定活动路线。营巢于树顶上，巢呈椭圆形。主要以各种野果、嫩芽、花蕊等为食。春季和秋季繁殖，每年产仔 2 次，每胎产 1~3 仔。

162 海南兔 *Lepus hainanus*

英 文 名 Hainan Hare

别 名 草兔

分类地位 兔形目（Lagomorpha）、兔科（Leporidae）、海南特有种

保护级别 国家二级

形态特征 小体型兔类，头体长 35~40 cm，尾长 4~7 cm，1.3~1.8kg。头小而圆。体背毛较柔软，头顶和体背毛淡棕色或浅棕白色，腹毛多为乳白色。颊部毛纯白色。耳通常比后足长，向前折可见内侧棕黄色，外侧白色；四肢趾掌为乌棕色；尾上面黑色，下面纯白色。

识别要点 体型较小。颊部毛纯白色，尾上面黑色，下面纯白色。

生 境 常栖息于丘陵坡地的灌丛、低草坡中，地势较平坦、环境干爽、草木丛生地段较多。

生活习性 独居。常夜间活动，黄昏或黎明时活动频繁。草食动物，主要以草本植物为食，无储草行为。食物缺乏时，会啃咬树皮或嫩枝。

主要参考文献

陈树椿，1999. 中国珍稀昆虫图鉴 . 北京：中国林业出版社 .

陈一帆，翟晓飞，陶星宇，等，2019. 标记重捕法对模式产地霸王岭睑虎种群资源调查 . 四川动物，38（4）：420–424.

费梁，叶昌媛，江建平，2012. 中国两栖动物及其分布彩色图鉴 . 成都：四川科学技术出版社 .

广东省昆虫研究所动物室，中山大学生物系，1983. 海南岛的鸟兽 . 北京：科学出版社 .

郭冬生，张正旺，2015. 中国鸟类生态大图鉴 . 重庆：重庆大学出版社 .

黄复生，2002. 海南森林昆虫 . 北京：科学出版社 .

李文柱，2017. 中国观赏甲虫图鉴 . 北京：中国青年出版社 .

林炽贤，邱清波，林隆慧，等，2004. 蜡皮蜥的两性异形和繁殖输出 . 动物学研究，25（6）：477–483.

刘少英，吴毅，2019. 中国兽类图鉴 . 福州：海峡书局 .

刘胜利，1990. 中国叶蝌一新种（竹节虫目：叶蝌科）. 昆虫学报，33（2）：227–229.

刘胜利，1993. 中国叶蝌属记述（竹节虫目：叶蝌科）. 动物分类学报，18（2）：201–212.

刘阳，陈水华，2021. 中国鸟类观察手册 . 长沙：湖南科学技术出版社 .

史海涛，赵尔宓，王力军，等，2011. 海南两栖爬行动物志 . 北京：科学出版社 .

陶星宇，翟晓飞，王同亮，2021. 海南睑虎繁殖生物学特征初步观察 . 动物学杂志，56（1）：40–45.

汪继超，史海涛，2002. 海南孔雀雉 . 生物学通报，37（11）：24.

汪继超，杨灿朝，林柳，等，2014. 海南吊罗山常见脊椎动物彩色图鉴 . 北京：中国林业出版社 .

王应祥，徐龙辉，1981. 椰子狸的一新亚种——海南椰子狸 . 动物分类学报，6（4）：446–448.

羊健鼎，陈懋，王力军，等，2015. 海南文昌昌洒荒坡地生境中蜡皮蜥繁殖期家域 . 动物学杂志，50（6）：855–865.

尹祚华，雷富民，2002. 黄嘴白鹭的繁殖生物学 . 动物学报，48（6）：824–827.

曾菊平，周善义，丁健，等，2012. 濒危物种金斑喙凤蝶的行为特征及其对生境的适应性 . 生态学报，32（20）：6527–6534.

赵尔宓，ДАРЕВСКИЙ И С，1990. 海南省红尾筒蛇新纪录及其描述 . 四川动物，9（1）：5.

赵欣如， 2018. 中国鸟类图鉴 . 北京：商务印书馆 .

赵正阶，2001a. 中国鸟类志（上卷：非雀形目）. 长春：吉林科学技术出版社 .

赵正阶，2001b. 中国鸟类志（下卷：雀形目）. 长春：吉林科学技术出版社 .

郑光美，2017. 中国鸟类分类与分布名录（第三版）. 北京：科学出版社 .

周润邦, 彭霄鹏, 侯勉, 等, 2019. 睑虎属一新种——中华睑虎 . 石河子大学学报(自然科学版)，37（5）：549–556.

周颖，马珺，袁耀华，等 . 2011. 半散养状态下斑嘴鹈鹕繁殖期行为的初步研究 . 动物学杂志，46（2）：53–58.

GAO J Y, WU Z L, SU D D,et al., 2013. Observations on breeding behavior of the White-eared Night Heron (*Gorsachius magnificus*) in northern Guangdong, China. Chinese Birds, 4(3):254–259.

ZHOU R B, WANG N, CHEN B, et al., 2018. Morphological evidence uncovers a new species of *Goniurosaurus* (Squamata: Eublepharidae) from the Hainan Island，China. Zootaxa，4369（2）：281–291.

附　录

附录 1　海南国家重点保护陆生野生动物新旧版名录对比

序号	中文名	学名	保护级别（1989 版）		保护级别（2021 版）		变化情况
节肢动物门 ARTHROPODA							
昆虫纲 INSECTA							
	䗛目	**PHASMATODEA**					
	叶䗛科	**Phyllidae**					
1	中华叶䗛	*Phyllium sinensis*				二级	新增 （二级）
2	泛叶䗛	*Phyllium celebicum*				二级	新增 （二级）
3	东方叶䗛	*Phyllium siccifolium*				二级	新增 （二级）
4	同叶䗛	*Phyllium parum*				二级	新增 （二级）
	鞘翅目	**COLEOPTERA**					
	臂金龟科	**Euchiridae**					
5	阳彩臂金龟	*Cheirotonus jansoni*		二级		二级	不变
	金龟科	**Scarabaeidae**					
6	悍马巨蜣螂	*Heliocopris bucephalus*				二级	新增 （二级）
	鳞翅目	**LEPIDOPTEAR**					
	凤蝶科	**Papilionidae**					
7	金斑喙凤蝶	*Teinopalpus aureus*	一级		一级		不变
8	裳凤蝶	*Troides helena*				二级	新增 （二级）

续表

序号	中文名	学名	保护级别（1989 版）		保护级别（2021 版）		变化情况
9	金裳凤蝶	*Troides aeacus*				二级	新增（二级）
		蛛形纲 ARACHNIDA					
	蜘蛛目	**ARANEAE**					
	捕鸟蛛科	**Theraphosidae**					
10	海南塞勒蛛	*Cyriopagopus hainanus*				二级	新增（二级）
		脊索动物门 CHORDATA					
		两栖纲 AMPHIBLA					
	无尾目	**ANURA**					
	蟾蜍科	**Bufonidae**					
11	鳞皮小蟾	*Parapelophryne scalpta*				二级	新增（二级）
12	乐东蟾蜍	*Qiongbufo ledongensis*				二级	新增（二级）
		爬行纲 REPTILIA					
	龟鳖目	**TESTUDINES**					
	陆龟科	**Testudinidae**					
13	凹甲陆龟	*Manouria impressa*		二级	一级		升级
	有鳞目	**SQUAMATA**					
	壁虎科	**Gekkonidae**					
14	大壁虎	*Gekko gecko*		二级		二级	不变
	睑虎科	**Eublepharidae**					
15	霸王岭睑虎	*Goniurosaurus bawanglingensis*				二级	新增（二级）

续表

序号	中文名	学名	保护级别（1989版）		保护级别（2021版）		变化情况
16	海南睑虎	*Goniurosaurus hainanensis*				二级	新增（二级）
17	周氏睑虎	*Goniurosaurus zhoui*				二级	新增（二级）
18	中华睑虎	*Goniurosaurus sinensis*				二级	新增（二级）
	鬣蜥科	**Agamidae**					
19	蜡皮蜥	*Leiolepis reevesii*				二级	新增（二级）
	蛇蜥科	**Anguidae**					
20	海南脆蛇蜥	*Ophisaurus hainanensis*				二级	新增（二级）
	巨蜥科	**Varanidae**					
21	圆鼻巨蜥	*Varanus salvator*	一级		一级		不变
	筒蛇科	**Cyliadrophiidae**					
22	红尾筒蛇	*Cylindrophis ruffus*				二级	新增（二级）
	蟒科	**Pythonidae**					
23	蟒蛇	*Python bivittatus*	一级			二级	降级
	游蛇科	**Colubridae**					
24	尖喙蛇	*Rhynchophis boulengeri*				二级	新增（二级）
	眼镜蛇科	**Elapidae**					

续表

序号	中文名	学名	保护级别（1989版）		保护级别（2021版）		变化情况
25	眼镜王蛇	*Ophiophagus hannah*				二级	新增（二级）
	鸟纲 AVES						
	鸡形目	**GALLIFORMES**					
	雉科	**Phasianidae**					
26	海南山鹧鸪	*Arborophila ardens*	一级		一级		不变
27	红原鸡	*Gallus gallus*		二级		二级	不变
28	白鹇	*Lophura nycthemera*		二级		二级	不变
29	海南孔雀雉	*Polyplectron katsumatae*	一级		一级		不变
	雁形目	**ANSERIFORMES**					
	鸭科	**Anatidae**					
30	栗树鸭	*Dendrocygna javanica*				二级	新增（二级）
31	鸳鸯	*Aix galericulata*		二级		二级	不变
32	棉凫	*Nettapus coromandelianus*				二级	新增（二级）
33	花脸鸭	*Sibirionetta formosa*				二级	新增（二级）
	鸽形目	**COLUMBIFORMES**					
	鸠鸽科	**Columbidae**					
34	紫林鸽	*Columba punicea*				二级	新增（二级）
35	斑尾鹃鸠	*Macropygia unchall*		二级		二级	不变
36	橙胸绿鸠	*Treron bicinctus*		二级		二级	不变

续表

序号	中文名	学名	保护级别（1989 版）		保护级别（2021 版）		变化情况
37	厚嘴绿鸠	*Treron curvirostra*		二级		二级	不变
38	红翅绿鸠	*Treron sieboldii*		二级		二级	不变
39	绿皇鸠	*Ducula aenea*		二级		二级	不变
40	山皇鸠	*Ducula badia*		二级		二级	不变
	夜鹰目	**CAPRIMULGIFORMES**					
	雨燕科	**Apodidae**					
41	爪哇金丝燕	*Aerodramus fuciphagus*				二级	新增 （二级）
42	灰喉针尾雨燕	*Hirundapus cochinchinensis*		二级		二级	不变
	鹃形目	**CUCULIFORMES**					
	杜鹃科	**Cuculidae**					
43	褐翅鸦鹃	*Centropus sinensis*		二级		二级	不变
44	小鸦鹃	*Centropus bengalensis*		二级		二级	不变
	鹤形目	**GRUIFORMES**					
	秧鸡科	**Rallidae**					
45	紫水鸡	*Porphyrio porphyrio*				二级	新增 （二级）
	鹤科	**Gruidae**					
46	灰鹤	*Grus grus*		二级		二级	不变
	鸻形目	**CHARADRIIFORMES**					
	石鸻科	**Burhinidae**					
47	大石鸻	*Esacus recurvirostris*				二级	新增 （二级）
	水雉科	**Jacanidae**					

续表

序号	中文名	学名	保护级别（1989 版）		保护级别（2021 版）		变化情况
48	水雉	*Hydrophasianus chirurgus*				二级	新增 （二级）
	鹬科	**Scolopacidae**					
49	小杓鹬	*Numenius minutus*		二级		二级	不变
50	白腰杓鹬	*Numenius arquata*				二级	新增 （二级）
51	大杓鹬	*Numenius madagascariensis*				二级	新增 （二级）
52	小青脚鹬	*Tringa guttifer*		二级	一级		升级
53	翻石鹬	*Arenaria interpres*				二级	新增 （二级）
54	大滨鹬	*Calidris tenuirostris*				二级	新增 （二级）
55	勺嘴鹬	*Calidris pygmaea*			一级		新增 （一级）
56	阔嘴鹬	*Calidris falcinellus*				二级	新增 （二级）
	鸥科	**Laridae**					
57	黑嘴鸥	*Saundersilarus saundersi*			一级		新增 （一级）
58	大凤头燕鸥	*Thalasseus bergii*				二级	新增 （二级）
59	中华凤头燕鸥	*Thalasseus bernsteini*		二级	一级		升级
	鹱形目	**PROCELLARIIFORMES**					
	信天翁科	**Diomedeidae**					

续表

序号	中文名	学名	保护级别（1989 版）		保护级别（2021 版）		变化情况
60	黑脚信天翁	*Phoebastria nigripes*			一级		新增（一级）
	鹳形目	**CICONIIFORMES**					
	鹳科	**Ciconiidae**					
61	彩鹳	*Mycteria leucocephala*		二级	一级		升级
62	黑鹳	*Ciconia nigra*	一级		一级		不变
63	秃鹳	*Leptoptilos javanicus*				二级	新增（二级）
	鲣鸟目	**SULIFORMES**					
	军舰鸟科	**Fregatidae**					
64	白腹军舰鸟	*Fregata andrewsi*	一级		一级		不变
65	黑腹军舰鸟	*Fregata minor*				二级	新增（二级）
66	白斑军舰鸟	*Fregata ariel*				二级	新增（二级）
	鲣鸟科	**Sulidae**					
67	红脚鲣鸟	*Sula sula*		二级		二级	不变
68	褐鲣鸟	*Sula leucogaster*		二级		二级	不变
	鹈形目	**PELECANIFORMES**					
	鹮科	**Threskiornithidae**					
69	黑头白鹮	*Threskiornis melanocephalus*		二级	一级		升级
70	白琵鹭	*Platalea leucorodia*		二级		二级	不变
71	黑脸琵鹭	*Platalea minor*		二级	一级		升级
	鹭科	**Ardeidae**					
72	海南鳽	*Gorsachius magnificus*		二级	一级		升级

续表

序号	中文名	学名	保护级别（1989 版）		保护级别（2021 版）		变化情况
73	黑冠鳽	*Gorsachius melanolophus*				二级	新增（二级）
74	岩鹭	*Egretta sacra*		二级		二级	不变
75	黄嘴白鹭	*Egretta eulophotes*		二级	一级		升级
	鹈鹕科	**Pelecanidae**					
76	斑嘴鹈鹕	*Pelecanus philippensis*		二级	一级		升级
77	卷羽鹈鹕	*Pelecanus crispus*		二级	一级		升级
	鹰形目	**ACCIPITRIFORMES**					
	鹗科	**Pandionidae**					
78	鹗	*Pandion haliaetus*		二级		二级	不变
	鹰科	**Accipitridae**					
79	黑翅鸢	*Elanus caeruleus*		二级		二级	不变
80	凤头蜂鹰	*Pernis ptilorhynchus*		二级		二级	不变
81	褐冠鹃隼	*Aviceda jerdoni*		二级		二级	不变
82	黑冠鹃隼	*Aviceda leuphotes*		二级		二级	不变
83	秃鹫	*Aegypius monachus*		二级	一级		升级
84	蛇雕	*Spilornis cheela*		二级		二级	不变
85	棕腹隼雕	*Lophotriorchis kienerii*		二级		二级	不变
86	林雕	*Ictinaetus malaiensis*		二级		二级	不变
87	鹰雕	*Nisaetus nipalensis*		二级		二级	不变
88	草原雕	*Aquila nipalensis*		二级	一级		升级
89	白肩雕	*Aquila heliaca*	一级		一级		不变
90	白腹隼雕	*Aquila fasciata*		二级		二级	不变
91	凤头鹰	*Accipiter trivirgatus*		二级		二级	不变
92	褐耳鹰	*Accipiter badius*		二级		二级	不变

续表

序号	中文名	学名	保护级别（1989 版）		保护级别（2021 版）		变化情况
93	赤腹鹰	*Accipiter soloensis*		二级		二级	不变
94	日本松雀鹰	*Accipiter gularis*		二级		二级	不变
95	松雀鹰	*Accipiter virgatus*		二级		二级	不变
96	雀鹰	*Accipiter nisus*		二级		二级	不变
97	苍鹰	*Accipiter gentilis*		二级		二级	不变
98	白头鹞	*Circus aeruginosus*		二级		二级	不变
99	白腹鹞	*Circus spilonotus*		二级		二级	不变
100	白尾鹞	*Circus cyaneus*		二级		二级	不变
101	草原鹞	*Circus macrourus*		二级		二级	不变
102	鹊鹞	*Circus melanoleucos*		二级		二级	不变
103	黑鸢	*Milvus migrans*		二级		二级	不变
104	白腹海雕	*Haliaeetus leucogaster*		二级	一级		升级
105	渔雕	*Icthyophaga humilis*		二级		二级	不变
106	灰脸鵟鹰	*Butastur indicus*		二级		二级	不变
107	普通鵟	*Buteo japonicus*		二级		二级	不变
	鸮形目	**STRIGIFORMES**					
	鸱鸮科	**Strigidae**					
108	黄嘴角鸮	*Otus spilocephalus*		二级		二级	不变
109	领角鸮	*Otus lettia*		二级		二级	不变
110	红角鸮	*Otus sunia*		二级		二级	不变
111	雕鸮	*Bubo bubo*		二级		二级	不变
112	林雕鸮	*Bubo nipalensis*		二级		二级	不变
113	褐渔鸮	*Ketupa zeylonensis*		二级		二级	不变
114	褐林鸮	*Strix leptogrammica*		二级		二级	不变
115	领鸺鹠	*Glaucidium brodiei*		二级		二级	不变

续表

序号	中文名	学名	保护级别（1989 版）		保护级别（2021 版）		变化情况
116	斑头鸺鹠	*Glaucidium cuculoides*		二级		二级	不变
117	鹰鸮	*Ninox scutulata*		二级		二级	不变
118	短耳鸮	*Asio flammeus*		二级		二级	不变
	草鸮科	**Tytonidae**					
119	仓鸮	*Tyto alba*		二级		二级	不变
120	草鸮	*Tyto longimembris*		二级		二级	不变
121	栗鸮	*Phodilus badius*		二级		二级	不变
	咬鹃目	**TROGONIFORMES**					
	咬鹃科	**Trogonidae**					
122	红头咬鹃	*Harpactes erythrocephalus*				二级	新增 （二级）
	佛法僧目	**CORACIIFORMES**					
	蜂虎科	**Meropidae**					
123	蓝须蜂虎	*Nyctyornis athertoni*				二级	新增 （二级）
124	栗喉蜂虎	*Merops philippinus*				二级	新增 （二级）
125	蓝喉蜂虎	*Merops viridis*				二级	新增 （二级）
	翠鸟科	**Alcedinidae**					
126	白胸翡翠	*Halcyon smyrnensis*				二级	新增 （二级）
127	斑头大翠鸟	*Alcedo hercules*				二级	新增 （二级）
	啄木鸟目	**PICIFORMES**					

续表

序号	中文名	学名	保护级别（1989 版）		保护级别（2021 版）		变化情况
	啄木鸟科	**Picidae**					
128	大黄冠啄木鸟	*Chrysophlegma flavinucha*				二级	新增（二级）
129	黄冠啄木鸟	*Picus chlorolophus*				二级	新增（二级）
	隼形目	**FALCONIFORMES**					
	隼科	**Falconidae**					
130	红隼	*Falco tinnunculus*		二级		二级	不变
131	燕隼	*Falco subbuteo*		二级		二级	不变
132	猛隼	*Falco severus*		二级		二级	不变
133	游隼	*Falco peregrinus*		二级		二级	不变
	鹦鹉目	**PSITTACIFORMES**					
	鹦鹉科	**Psittacidae**					
134	绯胸鹦鹉	*Psittacula alexandri*		二级		二级	不变
	雀形目	**PASSERIFORMES**					
	八色鸫科	**Pittidae**					
135	蓝背八色鸫	*Pitta soror*		二级		二级	不变
136	仙八色鸫	*Pitta nympha*		二级		二级	不变
137	蓝翅八色鸫	*Pitta moluccensis*		二级		二级	不变
	阔嘴鸟科	**Eurylaimidae**					
138	银胸丝冠鸟	*Serilophus lunatus*		二级		二级	不变
	卷尾科	**Dicruridae**					
139	大盘尾	*Dicrurus paradiseus*				二级	新增（二级）
	鸦科	**Corvidae**					

续表

序号	中文名	学名	保护级别（1989 版）		保护级别（2021 版）		变化情况
140	黄胸绿鹊	*Cissa hypoleuca*				二级	新增（二级）
	噪鹛科	**Leiothrichidae**					
141	海南画眉	*Garrulax owstoni*				二级	新增（二级）
142	黑喉噪鹛	*Garrulax chinensis*				二级	新增（二级）
	椋鸟科	**Sturnidae**					
143	鹩哥	*Gracula religiosa*				二级	新增（二级）
	鹟科	**Muscicapidae**					
144	红喉歌鸲	*Calliope calliope*				二级	新增（二级）
145	蓝喉歌鸲	*Luscinia svecica*				二级	新增（二级）
146	棕腹大仙鹟	*Niltava davidi*				二级	新增（二级）
	鹀科	**Emberizidae**					
147	黄胸鹀	*Emberiza aureola*			一级		
		哺乳纲 MAMMALIA					
	灵长目	**PRIMATES**					
	猴科	**Cercopithecidae**					
148	猕猴	*Macaca mulatta*		二级		二级	不变
	长臂猿科	**Hylobatidae**					
149	海南长臂猿	*Nomascus hainanus*	一级		一级		不变

续表

序号	中文名	学名	保护级别（1989 版）		保护级别（2021 版）		变化情况
	鳞甲目	**PHOLIDOTA**					
	鲮鲤科	**Manidae**					
150	穿山甲	*Manis pentadactyla*		二级	一级		升级
	食肉目	**CARNIVORA**					
	熊科	**Ursidae**					
151	黑熊	*Ursus thibetanus*		二级		二级	不变
	鼬科	**Mustelidae**					
152	黄喉貂	*Martes flavigula*		二级		二级	不变
	灵猫科	**Viverridae**					
153	大灵猫	*Viverra zibetha*		二级	一级		升级
154	小灵猫	*Viverricula indica*		二级	一级		升级
155	椰子猫	*Paradoxurus hermaphroditus*				二级	新增（二级）
	猫科	**Felidae**					
156	豹猫	*Prionailurus bengalensis*				二级	新增（二级）
157	云豹	*Neofelis nebulosa*	一级		一级		不变
	偶蹄目	**ARTIODACTYLA**					
	鹿科	**Cervidae**					
158	海南麂	*Muntiacus nigripes*				二级	新增（二级）
159	坡鹿	*Panolia siamensis*	一级		一级		不变
160	水鹿	*Cervus equinus*		二级		二级	不变
	啮齿目	**RODENTIA**					
	松鼠科	**Sciuridae**					

续表

序号	中文名	学名	保护级别（1989 版）		保护级别（2021 版）		变化情况
161	巨松鼠	*Ratufa bicolor*		二级		二级	不变
	兔形目	**LAGOMORPHA**					
	兔科	**Leporidae**					
162	海南兔	*Lepus hainanus*		二级		二级	不变

附录 2 国家重点保护陆生野生动物海南特有种或特有亚种名录

序号	中文名	学名	海南特有种	海南特有亚种
1	鳞皮小蟾	*Parapelophryne scalpta*	✓	
2	霸王岭睑虎	*Goniurosaurus bawanglingensis*	✓	
3	海南睑虎	*Goniurosaurus hainanensis*	✓	
4	周氏睑虎	*Goniurosaurus zhoui*	✓	
5	中华睑虎	*Goniurosaurus sinensis*	✓	
6	海南脆蛇蜥	*Ophisaurus hainanensis*	✓	
7	海南山鹧鸪	*Arborophila ardens*	✓	
8	白鹇	*Lophura nycthemera*		✓
9	海南孔雀雉	*Polyplectron katsumatae*	✓	
10	厚嘴绿鸠	*Treron curvirostra*		✓
11	蛇雕	*Spilornis cheela*		✓
12	鹰雕	*Nisaetus nipalensis*		✓
13	领角鸮	*Otus lettia*		✓
14	斑头鸺鹠	*Glaucidium cuculoides*		✓
15	红头咬鹃	*Harpactes erythrocephalus*		✓
16	蓝须蜂虎	*Nyctyornis athertoni*		✓
17	黄冠啄木鸟	*Picus chlorolophus*		✓

续表

序号	中文名	学名	海南特有种	海南特有亚种
18	蓝背八色鸫	*Pitta soror*		✓
19	银胸丝冠鸟	*Serilophus lunatus*		✓
20	大盘尾	*Dicrurus paradiseus*		✓
21	黄胸绿鹊	*Cissa hypoleuca*		✓
22	海南画眉	*Garrulax owstoni*	✓	
23	黑喉噪鹛	*Garrulax chinensis*		✓
24	猕猴	*Macaca mulatta*		✓
25	海南长臂猿	*Nomascus hainanus*	✓	
26	穿山甲	*Manis pentadactyla*		✓
27	黄喉貂	*Martes flavigula*		✓
28	大灵猫	*Viverra zibetha*		✓
29	椰子猫	*Paradoxurus hermaphroditus*		✓
30	豹猫	*Prionailurus bengalensis*		✓
31	海南麂	*Muntiacus nigripes*	✓	
32	坡鹿	*Panolia siamensis*	✓	
33	水鹿	*Cervus equinus*		✓
34	巨松鼠	*Ratufa bicolor*		✓
35	海南兔	*Lepus hainanus*	✓	

附录 3 国家重点保护野生动物名录

（2021 年发布）

中文名	学名	保护级别		备注
刺胞动物门 CNIDARIA				
水螅纲 HYDROZOA				
花裸螅目	**ANTHOATHECATA**			
多孔螅科 #	**Milleporidae**			
* 分叉多孔螅	*Millepora dichotoma*		二级	
* 节块多孔螅	*Millepora exaesa*		二级	
* 窝形多孔螅	*Millepora foveolata*		二级	
* 错综多孔螅	*Millepora intricata*		二级	
* 阔叶多孔螅	*Millepora latifolia*		二级	
* 扁叶多孔螅	*Millepora platyphylla*		二级	
* 娇嫩多孔螅	*Millepora tenera*		二级	
柱星螅科 #	**Stylasteridae**			
* 无序双孔螅	*Distichopora irregularis*		二级	
* 紫色双孔螅	*Distichopora violacea*		二级	
* 佳丽刺柱螅	*Errina dabneyi*		二级	
* 扇形柱星螅	*Stylaster flabelliformis*		二级	
* 细巧柱星螅	*Stylaster gracilis*		二级	
* 佳丽柱星螅	*Stylaster pulcher*		二级	
* 艳红柱星螅	*Stylaster sanguineus*		二级	
* 粗糙柱星螅	*Stylaster scabiosus*		二级	
珊瑚纲 ANTHOZOA				
角珊瑚目 #	**ANTIPATHARIA**			

续表

中文名	学名	保护级别		备注
* 角珊瑚目所有种	ANTIPATHARIA spp.		二级	
石珊瑚目 #	**SCLERACTINIA**			
* 石珊瑚目所有种	SCLERACTINIA spp.		二级	
苍珊瑚目	**HELIOPORACEA**			
苍珊瑚科 #	**Helioporidae**			
* 苍珊瑚科所有种	Helioporidae spp.		二级	
软珊瑚目	**ALCYONACEA**			
笙珊瑚科 #	**Tubiporidae**			
* 笙珊瑚	*Tubipora musica*		二级	
红珊瑚科 #	**Coralliidae**			
* 红珊瑚科所有种	Coralliidae spp.	一级		
竹节柳珊瑚科	**Isididae**			
* 粗糙竹节柳珊瑚	*Isis hippuris*		二级	
* 细枝竹节柳珊瑚	*Isis minorbrachyblasta*		二级	
* 网枝竹节柳珊蝴	*Isis reticulata*		二级	
软体动物门 MOLLUSCA				
腹足纲 GASTROPODA				
田螺科	**Viviparidae**			
* 螺蛳	*Margarya melanioides*		二级	
蝾螺科	**Turbinidae**			
* 夜光蝾螺	*Turbo marmoratus*		二级	
宝贝科	**Cypraeidae**			
* 虎斑宝贝	*Cypraea tigris*		二级	
冠螺科	**Cassididae**			
* 唐冠螺	*Cassis cornuta*		二级	原名“冠螺”

续表

中文名	学名	保护级别		备注
法螺科	**Charoniidae**			
* 法螺	*Charonia tritonis*		二级	
双壳纲 BIVALVIA				
珍珠贝目	**PTERIOIDA**			
珍珠贝科	**Pteriidae**			
* 大珠母贝	*Pinctada maxima*		二级	仅限野外种群
帘蛤目	**VENEROIDA**			
砗磲科 #	**Tridacnidae**			
* 大砗磲	*Tridacna gigas*	一级		原名“库氏砗磲”
* 无鳞砗磲	*Tridacna derasa*		二级	仅限野外种群
* 鳞砗磲	*Tridacna squamosa*		二级	仅限野外种群
* 长砗磲	*Tridacna maxima*		二级	仅限野外种群
* 番红砗磲	*Tridacna crocea*		二级	仅限野外种群
* 砗蚝	*Hippopus hippopus*		二级	仅限野外种群
蚌目	**UNIONIDA**			
珍珠蚌科	**Margaritanidae**			
* 珠母珍珠蚌	*Margaritiana dahurica*		二级	仅限野外种群
蚌科	**Unionidae**			
* 佛耳丽蚌	*Lamprotula mansuyi*		二级	
* 绢丝丽蚌	*Lamprotula fibrosa*		二级	
* 背瘤丽蚌	*Lamprotula leai*		二级	
* 多瘤丽蚌	*Lamprotula polysticta*		二级	
* 刻裂丽蚌	*Lamprotula scripta*		二级	
截蛏科	**Solecurtidae**			
* 中国淡水蛏	*Novaculina chinensis*		二级	

续表

中文名	学名	保护级别		备注
* 龙骨蛏蚌	*Solenaia carinatus*		二级	
头足纲 CEPHALOPODA				
鹦鹉螺目	**NAUTILIDA**			
鹦鹉螺科	**Nautilidae**			
* 鹦鹉螺	*Nautilus pompilius*	一级		
节肢动物门 ARTHROPODA				
昆虫纲 INSECTA				
双尾目	**DIPLURA**			
铗虮科	**Japygidae**			
伟铗虮	*Atlasjapyx atlas*		二级	
䗛目	**PHASMATODEA**			
叶䗛科 #	**Phyllidae**			
丽叶䗛	*Phyllium pulchrifolium*		二级	
中华叶䗛	*Phyllium sinensis*		二级	
泛叶䗛	*Phyllium celebicum*		二级	
翔叶䗛	*Phyllium westwoodi*		二级	
东方叶䗛	*Phyllium siccifolium*		二级	
独龙叶䗛	*Phyllium drunganum*		二级	
同叶䗛	*Phyllium parum*		二级	
滇叶䗛	*Phyllium yunnanense*		二级	
藏叶䗛	*Phyllium tibetense*		二级	
珍叶䗛	*Phyllium rarum*		二级	
蜻蜓目	**ODONATA**			
箭蜓科	**Gomphidae**			
扭尾曦春蜓	*Heliogomphus retroflexus*		二级	原名“尖板曦箭蜓”

续表

中文名	学名	保护级别		备注
棘角蛇纹春蜓	*Ophiogomphus spinicornis*		二级	原名“宽纹北箭蜓”
缺翅目	**ZORAPTERA**			
缺翅虫科	**Zorotypidae**			
中华缺翅虫	*Zorotypus sinensis*		二级	
墨脱缺翅虫	*Zorotypus medoensis*		二级	
蛩蠊目	**GRYLLOBLATTODAE**			
蛩蠊科	**Grylloblattidae**			
中华蛩蠊	*Galloisiana sinensis*	一级		
陈氏西蛩蠊	*Grylloblattella cheni*	一级		
脉翅目	**NEUROPTERA**			
旌蛉科	**Nemopteridae**			
中华旌蛉	*Nemopistha sinica*		二级	
鞘翅目	**COLEOPTERA**			
步甲科	**Carabidae**			
拉步甲	*Carabus lafossei*		二级	
细胸大步甲	*Carabus osawai*		二级	
巫山大步甲	*Carabus ishizukai*		二级	
库班大步甲	*Carabus kubani*		二级	
桂北大步甲	*Carabus guibeicus*		二级	
贞大步甲	*Carabus penelope*		二级	
蓝鞘大步甲	*Carabus cyaneogigas*		二级	
滇川大步甲	*Carabus yunanensis*		二级	
硕步甲	*Carabus davidi*		二级	
两栖甲科	**Amphizoidae**			
中华两栖甲	*Amphizoa sinica*		二级	

续表

中文名	学名	保护级别		备注
长阎甲科	**Synteliidae**			
中华长阎甲	*Syntelia sinica*		二级	
大卫长阎甲	*Syntelia davidis*		二级	
玛氏长阎甲	*Syntelia mazuri*		二级	
臂金龟科	**Euchiridae**			
戴氏棕臂金龟	*Propomacrus davidi*		二级	
玛氏棕臂金龟	*Propomacrus muramotoae*		二级	
越南臂金龟	*Cheirotonus battareli*		二级	
福氏彩臂金龟	*Cheirotonus fujiokai*		二级	
格彩臂金龟	*Cheirotonus gestroi*		二级	
台湾长臂金龟	*Cheirotonus formosanus*		二级	
阳彩臂金龟	*Cheirotonus jansoni*		二级	
印度长臂金龟	*Cheirotonus macleayii*		二级	
昭沼氏长臂金龟	*Cheirotonus terunumai*		二级	
金龟科	**Scarabaeidae**			
艾氏泽蜣螂	*Scarabaeus erichsoni*		二级	
拜氏蜣螂	*Scarabaeus babori*		二级	
悍马巨蜣螂	*Heliocopris bucephalus*		二级	
上帝巨蜣螂	*Heliocopris dominus*		二级	
迈达斯巨蜣螂	*Heliocopris midas*		二级	
犀金龟科	**Dynastidae**			
戴叉犀金龟	*Trypoxylus davidis*		二级	原名“叉犀金龟”
粗尤犀金龟	*Eupatorus hardwickii*		二级	
细角尤犀金龟	*Eupatorus gracilicornis*		二级	
胫晓扁犀金龟	*Eophileurus tetraspermexitus*		二级	

续表

中文名	学名	保护级别		备注
锹甲科	**Lucanidae**			
安达刀锹甲	*Dorcus antaeus*		二级	
巨叉深山锹甲	*Lucanus hermani*		二级	
鳞翅目	**LEPIDOPTERA**			
凤蝶科	**Papilionidae**			
喙凤蝶	*Teinopalpus imperialism*		二级	
金斑喙凤蝶	*Teinopalpus aureus*	一级		
裳凤蝶	*Troides helena*		二级	
金裳凤蝶	*Troides aeacus*		二级	
荧光裳凤蝶	*Troides magellanus*		二级	
鸟翼裳凤蝶	*Troides amphrysus*		二级	
珂裳凤蝶	*Troides criton*		二级	
楔纹裳凤蝶	*Troides cuneifera*		二级	
小斑裳凤蝶	*Troides haliphron*		二级	
多尾凤蝶	*Bhutanitis lidderdalii*		二级	
不丹尾凤蝶	*Bhutanitis ludlowi*		二级	
双尾凤蝶	*Bhutanitis mansfieldi*		二级	
玄裳尾凤蝶	*Bhutanitis nigrilima*		二级	
三尾凤蝶	*Bhutanitis thaidina*		二级	
玉龙尾凤蝶	*Bhutanitis yulongensis*		二级	
丽斑尾凤蝶	*Bhutanitis pulchristriata*		二级	
锤尾凤蝶	*Losaria coon*		二级	
中华虎凤蝶	*Luehdorfia chinensis*		二级	
蛱蝶科	**Nymphalidae**			
最美紫蛱蝶	*Sasakia pulcherrima*		二级	

续表

中文名	学名	保护级别		备注
黑紫蛱蝶	*Sasakia funebris*		二级	
绢蝶科	**Parnassidae**			
阿波罗绢蝶	*Parnassius apollo*		二级	
君主绢蝶	*Parnassius imperator*		二级	
灰蝶科	**Lycaenidae**			
大斑霾灰蝶	*Maculinea arionides*		二级	
秀山白灰蝶	*Phengaris xiushani*		二级	
蛛形纲 ARACHNIDA				
蜘蛛目	**ARANEAE**			
捕鸟蛛科	**Theraphosidae**			
海南塞勒蛛	*Cyriopagopus hainanus*		二级	
肢口纲 MEROSTOMATA				
剑尾目	**XIPHOSURA**			
鲎科 #	**Tachypleidae**			
* 中国鲎	*Tachypleus tridentatus*		二级	
* 圆尾蝎鲎	*Carcinoscorpius rotundicauda*		二级	
软甲纲 MALACOSTRACA				
十足目	**DECAPODA**			
龙虾科	**Palinuridae**			
* 锦绣龙虾	*Panulirus ornatus*		二级	仅限野外种群
半索动物门 HEMICHORDATA				
肠鳃纲 ENTEROPNEUSTA				
柱头虫目	**BALANOGLOSSIDA**			
殖翼柱头虫科	**Ptychoderidae**			
* 多鳃孔舌形虫	*Glossobalanus polybranchioporus*	一级		

续表

中文名	学名	保护级别		备注
* 三崎柱头虫	*Balanoglossus misakiensis*		二级	
* 短殖舌形虫	*Glossobalanus mortenseni*		二级	
* 肉质柱头虫	*Balanoglossus carnosus*		二级	
* 黄殖翼柱头虫	*Ptychodera flava*		二级	
史氏柱头虫科	**Spengeliidae**			
* 青岛橡头虫	*Glandiceps qingdaoensis*		二级	
玉钩虫科	**Harrimaniidae**			
* 黄岛长吻虫	*Saccoglossus hwangtauensis*	一级		
脊索动物门 CHORDATA				
文昌鱼纲 AMPHIOXI				
文昌鱼目	**AMPHIOXIFORMES**			
文昌鱼科 #	**Branchiostomatidae**			
* 厦门文昌鱼	*Branchiostoma belcheri*		二级	仅限野外种群。原名“文昌鱼”
* 青岛文昌鱼	*Branchiostoma tsingdauense*		二级	仅限野外种群
圆口纲 CYCLOSTOMATA				
七鳃鳗目	**PETROMYZONTIFORMES**			
七鳃鳗科 #	**Petromyzontidae**			
* 日本七鳃鳗	*Lampetra japonica*		二级	
* 东北七鳃鳗	*Lampetra morii*		二级	
* 雷氏七鳃鳗	*Lampetra reissneri*		二级	
软骨鱼纲 CHONDRICHTHYES				
鼠鲨目	**LAMNIFORMES**			
姥鲨科	**Cetorhinidae**			
* 姥鲨	*Cetorhinus maximus*		二级	
鼠鲨科	**Lamnidae**			

续表

中文名	学名	保护级别		备注
* 噬人鲨	*Carcharodon carcharias*		二级	
须鲨目	**ORECTOLOBIFORMES**			
鲸鲨科	**Rhincodontidae**			
* 鲸鲨	*Rhincodon typus*		二级	
鲼目	**MYLIOBATIFORMES**			
魟科	**Dasyatidae**			
* 黄魟	*Dasyatis bennettii*		二级	仅限陆封种群
硬骨鱼纲 OSTEICHTHYES				
鲟形目 #	**ACIPENSERIFORMES**			
鲟科	**Acipenseridae**			
* 中华鲟	*Acipenser sinensis*	一级		
* 长江鲟	*Acipenser dabryanus*	一级		原名“达氏鲟”
* 鳇	*Huso dauricus*	一级		仅限野外种群
* 西伯利亚鲟	*Acipenser baerii*		二级	仅限野外种群
* 裸腹鲟	*Acipenser nudiventris*		二级	仅限野外种群
* 小体鲟	*Acipenser ruthenus*		二级	仅限野外种群
* 施氏鲟	*Acipenser schrenckii*		二级	仅限野外种群
匙吻鲟科	**Polyodontidae**			
* 白鲟	*Psephurus gladius*	一级		
鳗鲡目	**ANGUILLIFORMES**			
鳗鲡科	**Anguillidae**			
* 花鳗鲡	*Anguilla marmorata*		二级	
鲱形目	**CLUPEIFORMES**			
鲱科	**Clupeidae**			
* 鲥	*Tenualosa reevesii*	一级		

续表

中文名	学名	保护级别		备注
鲤形目	**CYPRINIFORMES**			
双孔鱼科	**Gyrinocheilidae**			
* 双孔鱼	*Gyrinocheilus aymonieri*		二级	仅限野外种群
裸吻鱼科	**Psilorhynchidae**			
* 平鳍裸吻鱼	*Psilorhynchus homaloptera*		二级	
亚口鱼科	**Catostomidae**			原名“胭脂鱼科”
* 胭脂鱼	*Myxocyprinus asiaticus*		二级	仅限野外种群
鲤科	**Cyprinidae**			
* 唐鱼	*Tanichthys albonubes*		二级	仅限野外种群
* 稀有鮈鲫	*Gobiocypris rarus*		二级	仅限野外种群
* 鯮	*Luciobrama macrocephalus*		二级	
* 多鳞白鱼	*Anabarilius polylepis*		二级	
* 山白鱼	*Anabarilius transmontanus*		二级	
* 北方铜鱼	*Coreius septentrionalis*	一级		
* 圆口铜鱼	*Coreius guichenoti*		二级	仅限野外种群
* 大鼻吻鮈	*Rhinogobio nasutus*		二级	
* 长鳍吻鮈	*Rhinogobio ventralis*		二级	
* 平鳍鳅鮀	*Gobiobotia homalopteroidea*		二级	
* 单纹似鳡	*Luciocyprinus langsoni*		二级	
* 金线鲃属所有种	*Sinocyclocheilus* spp.		二级	
* 四川白甲鱼	*Onychostoma angustistomata*		二级	
* 多鳞白甲鱼	*Onychostoma macrolepis*		二级	仅限野外种群
* 金沙鲈鲤	*Percocypris pingi*		二级	仅限野外种群
* 花鲈鲤	*Percocypris regani*		二级	仅限野外种群
* 后背鲈鲤	*Percocypris retrodorslis*		二级	仅限野外种群

续表

中文名	学名	保护级别		备注
* 张氏鲈鲤	*Percocypris tchangi*		二级	仅限野外种群
* 裸腹盲鲃	*Typhlobarbus nudiventris*		二级	
* 角鱼	*Akrokolioplax bicornis*		二级	
* 骨唇黄河鱼	*Chuanchia labiosa*		二级	
* 极边扁咽齿鱼	*Platypharodon extremus*		二级	仅限野外种群
* 细鳞裂腹鱼	*Schizothorax chongi*		二级	仅限野外种群
* 巨须裂腹鱼	*Schizothorax macropogon*		二级	
* 重口裂腹鱼	*Schizothorax davidi*		二级	仅限野外种群
* 拉萨裂腹鱼	*Schizothorax waltoni*		二级	仅限野外种群
* 塔里木裂腹鱼	*Schizothorax biddulphi*		二级	仅限野外种群
* 大理裂腹鱼	*Schizothorax taliensis*		二级	仅限野外种群
* 扁吻鱼	*Aspiorhynchus laticeps*	一级		原名"新疆大头鱼"
* 厚唇裸重唇鱼	*Gymnodiptychus pachycheilus*		二级	仅限野外种群
* 斑重唇鱼	*Diptychus maculatus*		二级	
* 尖裸鲤	*Oxygymnocypris stewartii*		二级	仅限野外种群
* 大头鲤	*Cyprinus pellegrini*		二级	仅限野外种群
* 小鲤	*Cyprinus micristius*		二级	
* 抚仙鲤	*Cyprinus fuxianensis*		二级	
* 岩原鲤	*Procypris rabaudi*		二级	仅限野外种群
* 乌原鲤	*Procypris merus*		二级	
* 大鳞鲢	*Hypophthalmichthys harmandi*		二级	
鳅科	**Cobitidae**			
* 红唇薄鳅	*Leptobotia rubrilabris*		二级	仅限野外种群
* 黄线薄鳅	*Leptobotia flavolineata*		二级	
* 长薄鳅	*Leptobotia elongata*		二级	仅限野外种群

续表

中文名	学名	保护级别		备注
条鳅科	**Nemacheilidae**			
* 无眼岭鳅	*Oreonectes anophthalmus*		二级	
* 拟鲇高原鳅	*Triplophysa siluroides*		二级	仅限野外种群
* 湘西盲高原鳅	*Triplophysa xiangxiensis*		二级	
* 小头高原鳅	*Triphophysa minuta*		二级	
爬鳅科	**Balitoridae**			
* 厚唇原吸鳅	*Protomyzon pachychilus*		二级	
鲇形目	**SILURIFORMES**			
鲿科	**Bagridae**			
* 斑鳠	*Hemibagrus guttatus*		二级	仅限野外种群
鲇科	**Siluridae**			
* 昆明鲇	*Silurus mento*		二级	
𩷶科	**Pangasiidae**			
* 长丝𩷶	*Pangasius sanitwangsei*	一级		
钝头鮠科	**Amblycipitidae**			
* 金氏䱀	*Liobagrus kingi*		二级	
鮡科	**Sisoridae**			
* 长丝黑鮡	*Gagata dolichonema*		二级	
* 青石爬鮡	*Euchiloglanis davidi*		二级	
* 黑斑原鮡	*Glyptosternum maculatum*		二级	
* 魾	*Bagarius bagarius*		二级	
* 红魾	*Bagarius rutilus*		二级	
* 巨魾	*Bagarius yarrelli*		二级	
鲑形目	**SALMONIFORMES**			
鲑科	**Salmonidae**			

续表

中文名	学名	保护级别		备注
* 细鳞鲑属所有种	*Brachymystax* spp.		二级	仅限野外种群
* 川陕哲罗鲑	*Hucho bleekeri*	一级		
* 哲罗鲑	*Hucho taimen*		二级	仅限野外种群
* 石川氏哲罗鲑	*Hucho ishikawai*		二级	
* 花羔红点鲑	*Salvelinus malma*		二级	仅限野外种群
* 马苏大马哈鱼	*Oncorhynchus masou*		二级	
* 北鲑	*Stenodus leucichthys*		二级	
* 北极茴鱼	*Thymallus arcticus*		二级	仅限野外种群
* 下游黑龙江茴鱼	*Thymallus tugarinae*		二级	仅限野外种群
* 鸭绿江茴鱼	*Thymallus yaluensis*		二级	仅限野外种群
海龙鱼目	**SYNGNATHIFORMES**			
海龙鱼科	**Syngnathidae**			
* 海马属所有种	*Hippocampus* spp.		二级	仅限野外种群
鲈形目	**PERCIFORMES**			
石首鱼科	**Sciaenidae**			
* 黄唇鱼	*Bahaba taipingensis*	一级		
隆头鱼科	**Labridae**			
* 波纹唇鱼	*Cheilinus undulatus*		二级	仅限野外种群
鲉形目	**SCORPAENIFORMES**			
杜父鱼科	**Cottidae**			
* 松江鲈	*Trachidermus fasciatus*		二级	仅限野外种群。原名“松江鲈鱼”
两栖纲 AMPHIBIA				
蚓螈目	**GYMNOPHIONA**			
鱼螈科	**Ichthyophiidae**			
版纳鱼螈	*Ichthyophis bannanicus*		二级	

续表

中文名	学名	保护级别		备注
有尾目	**CAUDATA**			
小鲵科 #	**Hynobiidae**			
* 安吉小鲵	*Hynobius amjiensis*	一级		
* 中国小鲵	*Hynobius chinensis*	一级		
* 挂榜山小鲵	*Hynobius guabangshanensis*	一级		
* 猫儿山小鲵	*Hynobius maoershanensis*	一级		
* 普雄原鲵	*Protohynobius puxiongensis*	一级		
* 辽宁爪鲵	*Onychodactylus zhaoermii*	一级		
* 吉林爪鲵	*Onychodactylus zhangyapingi*		二级	
* 新疆北鲵	*Ranodon sibiricus*		二级	
* 极北鲵	*Salamandrella keyserlingii*		二级	
* 巫山巴鲵	*Liua shihi*		二级	
* 秦巴巴鲵	*Liua tsinpaensis*		二级	
* 黄斑拟小鲵	*Pseudohynobius flavomaculatus*		二级	
* 贵州拟小鲵	*Pseudohynobius guizhouensis*		二级	
* 金佛拟小鲵	*Pseudohynobius jinfo*		二级	
* 宽阔水拟小鲵	*Pseudohynobius kuankuoshuiensis*		二级	
* 水城拟小鲵	*Pseudohynobius shuichengensis*		二级	
* 弱唇褶山溪鲵	*Batrachuperus cochranae*		二级	
* 无斑山溪鲵	*Batrachuperus karlschmidti*		二级	
* 龙洞山溪鲵	*Batrachuperus londongensis*		二级	
* 山溪鲵	*Batrachuperus pinchonii*		二级	
* 西藏山溪鲵	*Batrachuperus tibetanus*		二级	
* 盐源山溪鲵	*Batrachuperus yenyuanensis*		二级	
* 阿里山小鲵	*Hynobius arisanensis*		二级	

续表

中文名	学名	保护级别		备注
* 台湾小鲵	*Hynobius formosanus*		二级	
* 观雾小鲵	*Hynobius fuca*		二级	
* 南湖小鲵	*Hynobius glacialis*		二级	
* 东北小鲵	*Hynobius leechii*		二级	
* 楚南小鲵	*Hynobius sonani*		二级	
* 义乌小鲵	*Hynobius yiwuensis*		二级	
隐鳃鲵科	**Cryptobranchidae**			
* 大鲵	*Andrias davidianus*		二级	仅限野外种群
蝾螈科	**Salamandridae**			
* 潮汕蝾螈	*Cynops orphicus*		二级	
* 大凉螈	*Liangshantriton taliangensis*		二级	原名“大凉疣螈”
* 贵州疣螈	*Tylototriton kweichowensis*		二级	
* 川南疣螈	*Tylototriton pseudoverrucosus*		二级	
* 丽色疣螈	*Tylototriton pulcherrima*		二级	
* 红瘰疣螈	*Tylototriton shanjing*		二级	
* 棕黑疣螈	*Tylototriton verrucosus*		二级	原名“细瘰疣螈”
* 滇南疣螈	*Tylototriton yangi*		二级	
* 安徽瑶螈	*Yaotriton anhuiensis*		二级	
* 细痣瑶螈	*Yaotriton asperrimus*		二级	原名“细痣疣螈”
* 宽脊瑶螈	*Yaotriton broadoridgus*		二级	
* 大别瑶螈	*Yaotriton dabienicus*		二级	
* 海南瑶螈	*Yaotriton hainanensis*		二级	
* 浏阳瑶螈	*Yaotriton liuyangensis*		二级	
* 莽山瑶螈	*Yaotriton lizhenchangi*		二级	
* 文县瑶螈	*Yaotriton wenxianensis*		二级	

续表

中文名	学名	保护级别		备注
* 蔡氏瑶螈	*Yaotriton ziegleri*		二级	
* 镇海棘螈	*Echinotriton chinhaiensis*	一级		原名"镇海疣螈"
* 琉球棘螈	*Echinotriton andersoni*		二级	
* 高山棘螺	*Echinotriton maxiquadratus*		二级	
* 橙脊瘰螈	*Paramesotriton aurantius*		二级	
* 尾斑瘰螈	*Paramesotriton caudopunctatus*		二级	
* 中国瘰螈	*Paramesotriton chinensis*		二级	
* 越南瘰螈	*Paramesotriton deloustali*		二级	
* 富钟瘰螈	*Paramesotriton fuzhongensis*		二级	
* 广西瘰螈	*Paramesotriton guangxiensis*		二级	
* 香港瘰螈	*Paramesotriton hongkongensis*		二级	
* 无斑瘰螈	*Paramesotriton labiatus*		二级	
* 龙里瘰螈	*Paramesotriton longliensis*		二级	
* 茂兰瘰螈	*Paramesotriton maolanensis*		二级	
* 七溪岭瘰螈	*Paramesotriton qixilingensis*		二级	
* 武陵瘰螈	*Paramesotriton wulingensis*		二级	
* 云雾瘰螈	*Paramesotriton yunwuensis*		二级	
* 织金瘰螈	*Paramesotriton zhijinensis*		二级	
无尾目	**ANURA**			
角蟾科	**Megophryidae**			
抱龙角蟾	*Boulenophrys baolongensis*		二级	
凉北齿蟾	*Oreolalax liangbeiensis*		二级	
金顶齿突蟾	*Scutiger chintingensis*		二级	
九龙齿突蟾	*Scutiger jiulongensis*		二级	
木里齿突蟾	*Scutiger muliensis*		二级	

续表

中文名	学名	保护级别		备注
宁陕齿突蟾	*Scutiger ningshanensis*		二级	
平武齿突蟾	*Scutiger pingwuensis*		二级	
哀牢髭蟾	*Vibrissaphora ailaonica*		二级	
峨眉髭蟾	*Vibrissaphora boringii*		二级	
雷山髭蟾	*Vibrissaphora leishanensis*		二级	
原髭蟾	*Vibrissaphora promustache*		二级	
南澳岛角蟾	*Xenophrys insularis*		二级	
水城角蟾	*Xenophrys shuichengensis*		二级	
蟾蜍科	**Bufonidae**			
史氏蟾蜍	*Bufo stejnegeri*		二级	
鳞皮小蟾	*Parapelophryne scalpta*		二级	
乐东蟾蜍	*Qiongbufo ledongensis*		二级	
无棘溪蟾	*Bufo aspinius*		二级	
叉舌蛙科	**Dicroglossidae**			
* 虎纹蛙	*Hoplobatrachus chinensis*		二级	仅限野外种群
* 脆皮大头蛙	*Limnonectes fragilis*		二级	
* 叶氏肛刺蛙	*Yerana yei*		二级	
蛙科	**Ranidae**			
* 海南湍蛙	*Amolops hainanensis*		二级	
* 香港湍蛙	*Amolops hongkongenis*		二级	
* 小腺蛙	*Glandirana minima*		二级	
* 务川臭蛙	*Odorrana wuchuanensis*		二级	
树蛙科	**Rhacophoridae**			
巫溪树蛙	*Rhacophorus hongchibaensis*		二级	
老山树蛙	*Rhacophorus laoshan*		二级	

续表

中文名	学名	保护级别		备注
罗默刘树蛙	*Liuixalus romeri*		二级	
洪佛树蛙	*Rhacophorus hungfuensis*		二级	
爬行纲 REPTILIA				
龟鳖目	**TESTUDINES**			
平胸龟科 #	**Platysternidae**			
* 平胸龟	*Platysternon megacephalum*		二级	仅限野外种群
陆龟科 #	**Testudinidae**			
缅甸陆龟	*Indotestudo elongata*	一级		
凹甲陆龟	*Manouria impressa*	一级		
四爪陆龟	*Testudo horsfieldii*	一级		
地龟科	**Geoemydidae**			
* 欧氏摄龟	*Cyclemys oldhamii*		二级	
* 黑颈乌龟	*Mauremys nigricans*		二级	仅限野外种群
* 乌龟	*Mauremys reevesii*		二级	仅限野外种群
* 花龟	*Mauremys sinensis*		二级	仅限野外种群
* 黄喉拟水龟	*Mauremys mutica*		二级	仅限野外种群
* 闭壳龟属所有种	*Cuora* spp.		二级	仅限野外种群
* 地龟	*Geoemyda spengleri*		二级	
* 眼斑水龟	*Sacalia bealei*		二级	仅限野外种群
* 四眼斑水龟	*Sacalia quadriocellata*		二级	仅限野外种群
海龟科 #	**Cheloniidae**			
* 红海龟	*Caretta caretta*	一级		原名“蠵龟”
* 绿海龟	*Chelonia mydas*	一级		
* 玳瑁	*Eretmochelys imbricata*	一级		
* 太平洋丽龟	*Lepidochelys olivacea*	一级		

续表

中文名	学名	保护级别		备注
棱皮龟科 #	**Dermochelyidae**			
* 棱皮龟	*Dermochelys coriacea*	一级		
鳖科	**Trionychidae**			
* 鼋	*Pelochelys cantorii*	一级		
* 山瑞鳖	*Palea steindachneri*		二级	仅限野外种群
* 斑鳖	*Rafetus swinhoei*	一级		
有鳞目	**SQUAMATA**			
壁虎科	**Gekkonidae**			
大壁虎	*Gekko gecko*		二级	
黑疣大壁虎	*Gekko reevesii*		二级	
球趾虎科	**Sphaerodactylidae**			
伊犁沙虎	*Teratoscincus scincus*		二级	
吐鲁番沙虎	*Teratoscincus roborowskii*		二级	
睑虎科 #	**Eublepharidae**			
英德睑虎	*Goniurosaurus yingdeensis*		二级	
越南睑虎	*Goniurosaurus araneus*		二级	
霸王岭睑虎	*Goniurosaurus bawanglingensis*		二级	
海南睑虎	*Goniurosaurus hainanensis*		二级	
嘉道理睑虎	*Goniurosaurus kadoorieorum*		二级	
广西睑虎	*Goniurosaurus kwangsiensis*		二级	
荔波睑虎	*Goniurosaurus liboensis*		二级	
凭祥睑虎	*Goniurosaurus luii*		二级	
蒲氏睑虎	*Goniurosaurus zhelongi*		二级	
周氏睑虎	*Goniurosaurus zhoui*		二级	
鬣蜥科	**Agamidae**			

续表

中文名	学名	保护级别		备注
巴塘龙蜥	*Diploderma batangense*		二级	
短尾龙蜥	*Diploderma brevicaudum*		二级	
侏龙蜥	*Diploderma drukdaypo*		二级	
滑腹龙蜥	*Diploderma laeviventre*		二级	
宜兰龙蜥	*Diploderma luei*		二级	
溪头龙蜥	*Diploderma makii*		二级	
帆背龙蜥	*Diploderma vela*		二级	
蜡皮蜥	*Leiolepis reevesii*		二级	
贵南沙蜥	*Phrynocephalus guinanensis*		二级	
大耳沙蜥	*Phrynocephalus mystaceus*	一级		
长鬣蜥	*Physignathus cocincinus*		二级	
蛇蜥科 #	**Anguidae**			
细脆蛇蜥	*Ophisaurus gracilis*		二级	
海南脆蛇蜥	*Ophisaurus hainanensis*		二级	
脆蛇蜥	*Ophisaurus harti*		二级	
鳄蜥科	**Shinisauridae**			
鳄蜥	*Shinisaurus crocodilurus*	一级		
巨蜥科 #	**Varanidae**			
孟加拉巨蜥	*Varanus bengalensis*	一级		
圆鼻巨蜥	*Varanus salvator*	一级		原名“巨蜥”
石龙子科	**Scincidae**			
桓仁滑蜥	*Scincella huanrenensis*		二级	
双足蜥科	**Dibamidae**			
香港双足蜥	*Dibamus bogadeki*		二级	
盲蛇科	**Typhlopidae**			

续表

中文名	学名	保护级别		备注
香港盲蛇	*Indotyphlops lazelli*		二级	
筒蛇科	**Cylindrophiidae**			
红尾筒蛇	*Cylindrophis ruffus*		二级	
闪鳞蛇科	**Xenopeltidae**			
闪鳞蛇	*Xenopeltis unicolor*		二级	
蚺科 #	**Boidae**			
红沙蟒	*Eryx miliaris*		二级	
东方沙蟒	*Eryx tataricus*		二级	
蟒科 #	**Pythonidae**			
蟒蛇	*Python bivittatus*		二级	原名“蟒”
闪皮蛇科	**Xenodermidae**			
井冈山脊蛇	*Achalinus jinggangensis*		二级	
游蛇科	**Colubridae**			
三索蛇	*Coelognathus radiatus*		二级	
团花锦蛇	*Elaphe davidi*		二级	
横斑锦蛇	*Euprepiophis perlaceus*		二级	
尖喙蛇	*Rhynchophis boulengeri*		二级	
西藏温泉蛇	*Thermophis baileyi*	一级		
香格里拉温泉蛇	*Thermophis shangrila*	一级		
四川温泉蛇	*Thermophis zhaoermii*	一级		
黑网乌梢蛇	*Zaocys carinatus*		二级	
瘰鳞蛇科	**Acrochordidae**			
* 瘰鳞蛇	*Acrochordus granulatus*		二级	
眼镜蛇科	**Elapidae**			
眼镜王蛇	*Ophiophagus hannah*		二级	

续表

中文名	学名	保护级别		备注
* 蓝灰扁尾海蛇	*Laticauda colubrina*		二级	
* 扁尾海蛇	*Laticauda laticaudata*		二级	
* 半环扁尾海蛇	*Laticauda semifasciata*		二级	
* 龟头海蛇	*Emydocephalus ijimae*		二级	
* 青环海蛇	*Hydrophis cyanocinctus*		二级	
* 环纹海蛇	*Hydrophis fasciatus*		二级	
* 黑头海蛇	*Hydrophis melanocephalus*		二级	
* 淡灰海蛇	*Hydrophis ornatus*		二级	
* 棘眦海蛇	*Hydrophis peronii*		二级	
* 棘鳞海蛇	*Hydrophis stokesii*		二级	
* 青灰海蛇	*Hydrophis caerulescens*		二级	
* 平颏海蛇	*Hydrophis curtus*		二级	
* 小头海蛇	*Hydrophis gracilis*		二级	
* 长吻海蛇	*Hydrophis platurus*		二级	
* 截吻海蛇	*Hydrophis jerdonii*		二级	
* 海蝰	*Hydrophis viperinus*		二级	
蝰科	**Viperidae**			
泰国圆斑蝰	*Daboia siamensis*		二级	
蛇岛蝮	*Gloydius shedaoensis*		二级	
角原矛头蝮	*Protobothrops cornutus*		二级	
莽山烙铁头蛇	*Protobothrops mangshanensis*	一级		
极北蝰	*Vipera berus*		二级	
东方蝰	*Vipera renardi*		二级	
鳄目	**CROCODYLIA**			
鼍科 #	**Alligatoridae**			

续表

中文名	学名	保护级别		备注
* 扬子鳄	*Alligator sinensis*	一级		
鸟纲 AVES				
鸡形目	**GALLIFORMES**			
雉科	**Phasianidae**			
环颈山鹧鸪	*Arborophila torqueola*		二级	
四川山鹧鸪	*Arborophila rufipectus*	一级		
红喉山鹧鸪	*Arborophila rufogularis*		二级	
白眉山鹧鸪	*Arborophila gingica*		二级	
白颊山鹧鸪	*Arborophila atrogularis*		二级	
褐胸山鹧鸪	*Arborophila brunneopectus*		二级	
红胸山鹧鸪	*Arborophila mandellii*		二级	
台湾山鹧鸪	*Arborophila crudigularis*		二级	
海南山鹧鸪	*Arborophila ardens*	一级		
绿脚树鹧鸪	*Tropicoperdix chloropus*		二级	
花尾榛鸡	*Tetrastes bonasia*		二级	
斑尾榛鸡	*Tetrastes sewerzowi*	一级		
镰翅鸡	*Falcipennis falcipennis*		二级	
松鸡	*Tetrao urogallus*		二级	
黑嘴松鸡	*Tetrao urogalloides*	一级		原名“细嘴松鸡”
黑琴鸡	*Lyrurus tetrix*	一级		
岩雷鸟	*Lagopus muta*		二级	
柳雷鸟	*Lagopus lagopus*		二级	
红喉雉鹑	*Tetraophasis obscurus*	一级		
黄喉雉鹑	*Tetraophasis szechenyii*	一级		
暗腹雪鸡	*Tetraogallus himalayensis*		二级	

续表

中文名	学名	保护级别		备注
藏雪鸡	*Tetraogallus tibetanus*		二级	
阿尔泰雪鸡	*Tetraogallus altaicus*		二级	
大石鸡	*Alectoris magna*		二级	
血雉	*Ithaginis cruentus*		二级	
黑头角雉	*Tragopan melanocephalus*	一级		
红胸角雉	*Tragopan satyra*	一级		
灰腹角雉	*Tragopan blythii*	一级		
红腹角雉	*Tragopan temminckii*		二级	
黄腹角雉	*Tragopan caboti*	一级		
勺鸡	*Pucrasia macrolopha*		二级	
棕尾虹雉	*Lophophorus impejanus*	一级		
白尾梢虹雉	*Lophophorus sclateri*	一级		
绿尾虹雉	*Lophophorus lhuysii*	一级		
红原鸡	*Gallus gallus*		二级	原名“原鸡”
黑鹇	*Lophura leucomelanos*		二级	
白鹇	*Lophura nycthemera*		二级	
蓝腹鹇	*Lophura swinhoii*	一级		原名“蓝鹇”
白马鸡	*Crossoptilon crossoptilon*		二级	
藏马鸡	*Crossoptilon harmani*		二级	
褐马鸡	*Crossoptilon mantchuricum*	一级		
蓝马鸡	*Crossoptilon auritum*		二级	
白颈长尾雉	*Syrmaticus ellioti*	一级		
黑颈长尾雉	*Syrmaticus humiae*	一级		
黑长尾雉	*Syrmaticus mikado*	一级		
白冠长尾雉	*Syrmaticus reevesii*	一级		

续表

中文名	学名	保护级别		备注
红腹锦鸡	*Chrysolophus pictus*		二级	
白腹锦鸡	*Chrysolophus amherstiae*		二级	
灰孔雀雉	*Polyplectron bicalcaratum*	一级		
海南孔雀雉	*Polyplectron katsumatae*	一级		
绿孔雀	*Pavo muticus*	一级		
雁形目	**ANSERIFORMES**			
鸭科	**Anatidae**			
栗树鸭	*Dendrocygna javanica*		二级	
鸿雁	*Anser cygnoid*		二级	
白额雁	*Anser albifrons*		二级	
小白额雁	*Anser erythropus*		二级	
红胸黑雁	*Branta ruficollis*		二级	
疣鼻天鹅	*Cygnus olor*		二级	
小天鹅	*Cygnus columbianus*		二级	
大天鹅	*Cygnus cygnus*		二级	
鸳鸯	*Aix galericulata*		二级	
棉凫	*Nettapus coromandelianus*		二级	
花脸鸭	*Sibirionetta formosa*		二级	
云石斑鸭	*Marmaronetta angustirostris*		二级	
青头潜鸭	*Aythya baeri*	一级		
斑头秋沙鸭	*Mergellus albellus*		二级	
中华秋沙鸭	*Mergus squamatus*	一级		
白头硬尾鸭	*Oxyura leucocephala*	一级		
白翅栖鸭	*Asarcornis scutulata*		二级	
䴙䴘目	**PODICIPEDIFORMES**			

续表

中文名	学名	保护级别		备注
䴙䴘科	**Podicipedidae**			
赤颈䴙䴘	*Podiceps grisegena*		二级	
角䴙䴘	*Podiceps auritus*		二级	
黑颈䴙䴘	*Podiceps nigricollis*		二级	
鸽形目	**COLUMBIFORMES**			
鸠鸽科	**Columbidae**			
中亚鸽	*Columba eversmanni*		二级	
斑尾林鸽	*Columba palumbus*		二级	
紫林鸽	*Columba punicea*		二级	
斑尾鹃鸠	*Macropygia unchall*		二级	
菲律宾鹃鸠	*Macropygia tenuirostris*		二级	
小鹃鸠	*Macropygia ruficeps*	一级		原名“棕头鹃鸠”
橙胸绿鸠	*Treron bicinctus*		二级	
灰头绿鸠	*Treron pompadora*		二级	
厚嘴绿鸠	*Treron curvirostra*		二级	
黄脚绿鸠	*Treron phoenicopterus*		二级	
针尾绿鸠	*Treron apicauda*		二级	
楔尾绿鸠	*Treron sphenurus*		二级	
红翅绿鸠	*Treron sieboldii*		二级	
红顶绿鸠	*Treron formosae*		二级	
黑颏果鸠	*Ptilinopus leclancheri*		二级	
绿皇鸠	*Ducula aenea*		二级	
山皇鸠	*Ducula badia*		二级	
沙鸡目	**PTEROCLIFORMES**			
沙鸡科	**Pteroclidae**			

续表

中文名	学名	保护级别		备注
黑腹沙鸡	*Pterocles orientalis*		二级	
夜鹰目	**CAPRIMULGIFORMES**			
蛙口夜鹰科	**Podargidae**			
黑顶蛙口夜鹰	*Batrachostomus hodgsoni*		二级	
凤头雨燕科	**Hemiprocnidae**			
凤头雨燕	*Hemiprocne coronata*		二级	
雨燕科	**Apodidae**			
爪哇金丝燕	*Aerodramus fuciphagus*		二级	
灰喉针尾雨燕	*Hirundapus cochinchinensis*		二级	
鹃形目	**CUCULIFORMES**			
杜鹃科	**Cuculidae**			
褐翅鸦鹃	*Centropus sinensis*		二级	
小鸦鹃	*Centropus bengalensis*		二级	
鸨形目 #	**OTIDIFORMES**			
鸨科	**Otididae**			
大鸨	*Otis tarda*	一级		
波斑鸨	*Chlamydotis macqueenii*	一级		
小鸨	*Tetrax tetrax*	一级		
鹤形目	**GRUIFORMES**			
秧鸡科	**Rallidae**			
花田鸡	*Coturnicops exquisitus*		二级	
长脚秧鸡	*Crex crex*		二级	
棕背田鸡	*Zapornia bicolor*		二级	
姬田鸡	*Zapornia parva*		二级	
斑胁田鸡	*Zapornia paykullii*		二级	

续表

中文名	学名	保护级别		备注
紫水鸡	*Porphyrio porphyrio*		二级	
鹤科 #	**Gruidae**			
白鹤	*Grus leucogeranus*	一级		
沙丘鹤	*Grus canadensis*		二级	
白枕鹤	*Grus vipio*	一级		
赤颈鹤	*Grus antigone*	一级		
蓑羽鹤	*Grus virgo*		二级	
丹顶鹤	*Grus japonensis*	一级		
灰鹤	*Grus grus*		二级	
白头鹤	*Grus monacha*	一级		
黑颈鹤	*Grus nigricollis*	一级		
鸻形目	**CHARADRIIFORMES**			
石鸻科	**Burhinidae**			
大石鸻	*Esacus recurvirostris*		二级	
鹮嘴鹬科	**Ibidorhynchidae**			
鹮嘴鹬	*Ibidorhyncha struthersii*		二级	
鸻科	**Charadriidae**			
黄颊麦鸡	*Vanellus gregarius*		二级	
水雉科	**Jacanidae**			
水雉	*Hydrophasianus chirurgus*		二级	
铜翅水雉	*Metopidius indicus*		二级	
鹬科	**Scolopacidae**			
林沙锥	*Gallinago nemoricola*		二级	
半蹼鹬	*Limnodromus semipalmatus*		二级	
小杓鹬	*Numenius minutus*		二级	

续表

中文名	学名	保护级别		备注
白腰杓鹬	*Numenius arquata*		二级	
大杓鹬	*Numenius madagascariensis*		二级	
小青脚鹬	*Tringa guttifer*	一级		
翻石鹬	*Arenaria interpres*		二级	
大滨鹬	*Calidris tenuirostris*		二级	
勺嘴鹬	*Calidris pygmaea*	一级		
阔嘴鹬	*Calidris falcinellus*		二级	
燕鸻科	**Glareolidae**			
灰燕鸻	*Glareola lactea*		二级	
鸥科	**Laridae**			
黑嘴鸥	*Saundersilarus saundersi*	一级		
小鸥	*Hydrocoloeus minutus*		二级	
遗鸥	*Ichthyaetus relictus*	一级		
大凤头燕鸥	*Thalasseus bergii*		二级	
中华凤头燕鸥	*Thalasseus bernsteini*	一级		原名“黑嘴端凤头燕鸥”
河燕鸥	*Sterna aurantia*	一级		原名“黄嘴河燕鸥”
黑腹燕鸥	*Sterna acuticauda*		二级	
黑浮鸥	*Chlidonias niger*		二级	
海雀科	**Alcidae**			
冠海雀	*Synthliboramphus wumizusume*		二级	
鹱形目	**PROCELLARIIFORMES**			
信天翁科	**Diomedeidae**			
黑脚信天翁	*Phoebastria nigripes*	一级		
短尾信天翁	*Phoebastria albatrus*	一级		
鹳形目	**CICONIIFORMES**			

续表

中文名	学名	保护级别		备注
鹳科	**Ciconiidae**			
彩鹳	*Mycteria leucocephala*	一级		
黑鹳	*Ciconia nigra*	一级		
白鹳	*Ciconia ciconia*	一级		
东方白鹳	*Ciconia boyciana*	一级		
秃鹳	*Leptoptilos javanicus*		二级	
鲣鸟目	**SULIFORMES**			
军舰鸟科	**Fregatidae**			
白腹军舰鸟	*Fregata andrewsi*	一级		
黑腹军舰鸟	*Fregata minor*		二级	
白斑军舰鸟	*Fregata ariel*		二级	
鲣鸟科 #	**Sulidae**			
蓝脸鲣鸟	*Sula dactylatra*		二级	
红脚鲣鸟	*Sula sula*		二级	
褐鲣鸟	*Sula leucogaster*		二级	
鸬鹚科	**Phalacrocoracidae**			
黑颈鸬鹚	*Microcarbo niger*		二级	
海鸬鹚	*Phalacrocorax pelagicus*		二级	
鹈形目	**PELECANIFORMES**			
鹮科	**Threskiornithidae**			
黑头白鹮	*Threskiornis melanocephalus*	一级		原名“白鹮”
白肩黑鹮	*Pseudibis davisoni*	一级		原名“黑鹮”
朱鹮	*Nipponia nippon*	一级		
彩鹮	*Plegadis falcinellus*	一级		
白琵鹭	*Platalea leucorodia*		二级	

续表

中文名	学名	保护级别		备注
黑脸琵鹭	*Platalea minor*	一级		
鹭科	**Ardeidae**			
小苇鳽	*Ixobrychus minutus*		二级	
海南鳽	*Gorsachius magnificus*	一级		原名“海南虎斑鳽”
栗头鳽	*Gorsachius goisagi*		二级	
黑冠鳽	*Gorsachius melanolophus*		二级	
白腹鹭	*Ardea insignis*	一级		
岩鹭	*Egretta sacra*		二级	
黄嘴白鹭	*Egretta eulophotes*	一级		
鹈鹕科 #	**Pelecanidae**			
白鹈鹕	*Pelecanus onocrotalus*	一级		
斑嘴鹈鹕	*Pelecanus philippensis*	一级		
卷羽鹈鹕	*Pelecanus crispus*	一级		
鹰形目 #	**ACCIPITRIFORMES**			
鹗科	**Pandionidae**			
鹗	*Pandion haliaetus*		二级	
鹰科	**Accipitridae**			
黑翅鸢	*Elanus caeruleus*		二级	
胡兀鹫	*Gypaetus barbatus*	一级		
白兀鹫	*Neophron percnopterus*		二级	
鹃头蜂鹰	*Pernis apivorus*		二级	
凤头蜂鹰	*Pernis ptilorhynchus*		二级	
褐冠鹃隼	*Aviceda jerdoni*		二级	
黑冠鹃隼	*Aviceda leuphotes*		二级	
兀鹫	*Gyps fulvus*		二级	

续表

中文名	学名	保护级别		备注
长嘴兀鹫	*Gyps indicus*		二级	
白背兀鹫	*Gyps bengalensis*	一级		原名“拟兀鹫”
高山兀鹫	*Gyps himalayensis*		二级	
黑兀鹫	*Sarcogyps calvus*	一级		
秃鹫	*Aegypius monachus*	一级		
蛇雕	*Spilornis cheela*		二级	
短趾雕	*Circaetus gallicus*		二级	
凤头鹰雕	*Nisaetus cirrhatus*		二级	
鹰雕	*Nisaetus nipalensis*		二级	
棕腹隼雕	*Lophotriorchis kienerii*		二级	
林雕	*Ictinaetus malaiensis*		二级	
乌雕	*Clanga clanga*	一级		
靴隼雕	*Hieraaetus pennatus*		二级	
草原雕	*Aquila nipalensis*	一级		
白肩雕	*Aquila heliaca*	一级		
金雕	*Aquila chrysaetos*	一级		
白腹隼雕	*Aquila fasciata*		二级	
凤头鹰	*Accipiter trivirgatus*		二级	
褐耳鹰	*Accipiter badius*		二级	
赤腹鹰	*Accipiter soloensis*		二级	
日本松雀鹰	*Accipiter gularis*		二级	
松雀鹰	*Accipiter virgatus*		二级	
雀鹰	*Accipiter nisus*		二级	
苍鹰	*Accipiter gentilis*		二级	
白头鹞	*Circus aeruginosus*		二级	

续表

中文名	学名	保护级别		备注
白腹鹞	*Circus spilonotus*		二级	
白尾鹞	*Circus cyaneus*		二级	
草原鹞	*Circus macrourus*		二级	
鹊鹞	*Circus melanoleucos*		二级	
乌灰鹞	*Circus pygargus*		二级	
黑鸢	*Milvus migrans*		二级	
栗鸢	*Haliastur indus*		二级	
白腹海雕	*Haliaeetus leucogaster*	一级		
玉带海雕	*Haliaeetus leucoryphus*	一级		
白尾海雕	*Haliaeetus albicilla*	一级		
虎头海雕	*Haliaeetus pelagicus*	一级		
渔雕	*Icthyophaga humilis*		二级	
白眼鵟鹰	*Butastur teesa*		二级	
棕翅鵟鹰	*Butastur liventer*		二级	
灰脸鵟鹰	*Butastur indicus*		二级	
毛脚鵟	*Buteo lagopus*		二级	
大鵟	*Buteo hemilasius*		二级	
普通鵟	*Buteo japonicus*		二级	
喜山鵟	*Buteo refectus*		二级	
欧亚鵟	*Buteo buteo*		二级	
棕尾鵟	*Buteo rufinus*		二级	
鸮形目 #	**STRIGIFORMES**			
鸱鸮科	**Strigidae**			
黄嘴角鸮	*Otus spilocephalus*		二级	
领角鸮	*Otus lettia*		二级	

续表

中文名	学名	保护级别		备注
北领角鸮	*Otus semitorques*		二级	
纵纹角鸮	*Otus brucei*		二级	
西红角鸮	*Otus scops*		二级	
红角鸮	*Otus sunia*		二级	
优雅角鸮	*Otus elegans*		二级	
雪鸮	*Bubo scandiacus*		二级	
雕鸮	*Bubo bubo*		二级	
林雕鸮	*Bubo nipalensis*		二级	
毛腿雕鸮	*Bubo blakistoni*	一级		
褐渔鸮	*Ketupa zeylonensis*		二级	
黄腿渔鸮	*Ketupa flavipes*		二级	
褐林鸮	*Strix leptogrammica*		二级	
灰林鸮	*Strix aluco*		二级	
长尾林鸮	*Strix uralensis*		二级	
四川林鸮	*Strix davidi*	一级		
乌林鸮	*Strix nebulosa*		二级	
猛鸮	*Surnia ulula*		二级	
花头鸺鹠	*Glaucidium passerinum*		二级	
领鸺鹠	*Glaucidium brodiei*		二级	
斑头鸺鹠	*Glaucidium cuculoides*		二级	
纵纹腹小鸮	*Athene noctua*		二级	
横斑腹小鸮	*Athene brama*		二级	
鬼鸮	*Aegolius funereus*		二级	
鹰鸮	*Ninox scutulata*		二级	
日本鹰鸮	*Ninox japonica*		二级	

续表

中文名	学名	保护级别		备注
长耳鸮	*Asio otus*		二级	
短耳鸮	*Asio flammeus*		二级	
草鸮科	**Tytonidae**			
仓鸮	*Tyto alba*		二级	
草鸮	*Tyto longimembris*		二级	
栗鸮	*Phodilus badius*		二级	
咬鹃目 #	**TROGONIFORMES**			
咬鹃科	**Trogonidae**			
橙胸咬鹃	*Harpactes oreskios*		二级	
红头咬鹃	*Harpactes erythrocephalus*		二级	
红腹咬鹃	*Harpactes wardi*		二级	
犀鸟目	**BUCEROTIFORMES**			
犀鸟科 #	**Bucerotidae**			
白喉犀鸟	*Anorrhinus austeni*	一级		
冠斑犀鸟	*Anthracoceros albirostris*	一级		
双角犀鸟	*Buceros bicornis*	一级		
棕颈犀鸟	*Aceros nipalensis*	一级		
花冠皱盔犀鸟	*Rhyticeros undulatus*	一级		
佛法僧目	**CORACIIFORMES**			
蜂虎科	**Meropidae**			
赤须蜂虎	*Nyctyornis amictus*		二级	
蓝须蜂虎	*Nyctyornis athertoni*		二级	
绿喉蜂虎	*Merops orientalis*		二级	
蓝颊蜂虎	*Merops persicus*		二级	
栗喉蜂虎	*Merops philippinus*		二级	

续表

中文名	学名	保护级别		备注
彩虹蜂虎	*Merops ornatus*		二级	
蓝喉蜂虎	*Merops viridis*		二级	
栗头蜂虎	*Merops leschenaulti*		二级	原名“黑胸蜂虎”
翠鸟科	**Alcedinidae**			
鹳嘴翡翠	*Pelargopsis capensis*		二级	原名“鹳嘴翠鸟”
白胸翡翠	*Halcyon smyrnensis*		二级	
蓝耳翠鸟	*Alcedo meninting*		二级	
斑头大翠鸟	*Alcedo hercules*		二级	
啄木鸟目	**PICIFORMES**			
啄木鸟科	**Picidae**			
白翅啄木鸟	*Dendrocopos leucopterus*		二级	
三趾啄木鸟	*Picoides tridactylus*		二级	
白腹黑啄木鸟	*Dryocopus javensis*		二级	
黑啄木鸟	*Dryocopus martius*		二级	
大黄冠啄木鸟	*Chrysophlegma flavinucha*		二级	
黄冠啄木鸟	*Picus chlorolophus*		二级	
红颈绿啄木鸟	*Picus rabieri*		二级	
大灰啄木鸟	*Mulleripicus pulverulentus*		二级	
隼形目 #	**FALCONIFORMES**			
隼科	**Falconidae**			
红腿小隼	*Microhierax caerulescens*		二级	
白腿小隼	*Microhierax melanoleucos*		二级	
黄爪隼	*Falco naumanni*		二级	
红隼	*Falco tinnunculus*		二级	
西红脚隼	*Falco vespertinus*		二级	

续表

中文名	学名	保护级别		备注
红脚隼	*Falco amurensis*		二级	
灰背隼	*Falco columbarius*		二级	
燕隼	*Falco subbuteo*		二级	
猛隼	*Falco severus*		二级	
猎隼	*Falco cherrug*	一级		
矛隼	*Falco rusticolus*	一级		
游隼	*Falco peregrinus*		二级	
鹦鹉目 #	**PSITTACIFORMES**			
鹦鹉科	**Psittacidae**			
短尾鹦鹉	*Loriculus vernalis*		二级	
蓝腰鹦鹉	*Psittinus cyanurus*		二级	
亚历山大鹦鹉	*Psittacula eupatria*		二级	
红领绿鹦鹉	*Psittacula krameri*		二级	
青头鹦鹉	*Psittacula himalayana*		二级	
灰头鹦鹉	*Psittacula finschii*		二级	
花头鹦鹉	*Psittacula roseata*		二级	
大紫胸鹦鹉	*Psittacula derbiana*		二级	
绯胸鹦鹉	*Psittacula alexandri*		二级	
雀形目	**PASSERIFORMES**			
八色鸫科 #	**Pittidae**			
双辫八色鸫	*Pitta phayrei*		二级	
蓝枕八色鸫	*Pitta nipalensis*		二级	
蓝背八色鸫	*Pitta soror*		二级	
栗头八色鸫	*Pitta oatesi*		二级	
蓝八色鸫	*Pitta cyanea*		二级	

续表

中文名	学名	保护级别		备注
绿胸八色鸫	*Pitta sordida*		二级	
仙八色鸫	*Pitta nympha*		二级	
蓝翅八色鸫	*Pitta moluccensis*		二级	
阔嘴鸟科 #	**Eurylaimidae**			
长尾阔嘴鸟	*Psarisomus dalhousiae*		二级	
银胸丝冠鸟	*Serilophus lunatus*		二级	
黄鹂科	**Oriolidae**			
鹊鹂	*Oriolus mellianus*		二级	
卷尾科	**Dicruridae**			
小盘尾	*Dicrurus remifer*		二级	
大盘尾	*Dicrurus paradiseus*		二级	
鸦科	**Corvidae**			
黑头噪鸦	*Perisoreus internigrans*	一级		
蓝绿鹊	*Cissa chinensis*		二级	
黄胸绿鹊	*Cissa hypoleuca*		二级	
黑尾地鸦	*Podoces hendersoni*		二级	
白尾地鸦	*Podoces biddulphi*		二级	
山雀科	**Paridae**			
白眉山雀	*Poecile superciliosus*		二级	
红腹山雀	*Poecile davidi*		二级	
百灵科	**Alaudidae**			
歌百灵	*Mirafra javanica*		二级	
蒙古百灵	*Melanocorypha mongolica*		二级	
云雀	*Alauda arvensis*		二级	
苇莺科	**Acrocephalidae**			

续表

中文名	学名	保护级别		备注
细纹苇莺	*Acrocephalus sorghophilus*		二级	
鹎科	**Pycnonotidae**			
台湾鹎	*Pycnonotus taivanus*		二级	
莺鹛科	**Sylviidae**			
金胸雀鹛	*Lioparus chrysotis*		二级	
宝兴鹛雀	*Moupinia poecilotis*		二级	
中华雀鹛	*Fulvetta striaticollis*		二级	
三趾鸦雀	*Cholornis paradoxus*		二级	
白眶鸦雀	*Sinosuthora conspicillata*		二级	
暗色鸦雀	*Sinosuthora zappeyi*		二级	
灰冠鸦雀	*Sinosuthora przewalskii*	一级		
短尾鸦雀	*Neosuthora davidiana*		二级	
震旦鸦雀	*Paradoxornis heudei*		二级	
绣眼鸟科	**Zosteropidae**			
红胁绣眼鸟	*Zosterops erythropleurus*		二级	
林鹛科	**Timaliidae**			
淡喉鹩鹛	*Spelaeornis kinneari*		二级	
弄岗穗鹛	*Stachyris nonggangensis*		二级	
幽鹛科	**Pellorneidae**			
金额雀鹛	*Schoeniparus variegaticeps*	一级		
噪鹛科	**Leiothrichidae**			
大草鹛	*Babax waddelli*		二级	
棕草鹛	*Babax koslowi*		二级	
画眉	*Garrulax canorus*		二级	
海南画眉	*Garrulax owstoni*		二级	

续表

中文名	学名	保护级别		备注
台湾画眉	*Garrulax taewanus*		二级	
褐胸噪鹛	*Garrulax maesi*		二级	
黑额山噪鹛	*Garrulax sukatschewi*	一级		
斑背噪鹛	*Garrulax lunulatus*		二级	
白点噪鹛	*Garrulax bieti*	一级		
大噪鹛	*Garrulax maximus*		二级	
眼纹噪鹛	*Garrulax ocellatus*		二级	
黑喉噪鹛	*Garrulax chinensis*		二级	
蓝冠噪鹛	*Garrulax courtoisi*	一级		
棕噪鹛	*Garrulax berthemyi*		二级	
橙翅噪鹛	*Trochalopteron elliotii*		二级	
红翅噪鹛	*Trochalopteron formosum*		二级	
红尾噪鹛	*Trochalopteron milnei*		二级	
黑冠薮鹛	*Liocichla bugunorum*	一级		
灰胸薮鹛	*Liocichla omeiensis*	一级		
银耳相思鸟	*Leiothrix argentauris*		二级	
红嘴相思鸟	*Leiothrix lutea*		二级	
旋木雀科	**Certhiidae**			
四川旋木雀	*Certhia tianquanensis*		二级	
䴓科	**Sittidae**			
滇䴓	*Sitta yunnanensis*		二级	
巨䴓	*Sitta magna*		二级	
丽䴓	*Sitta formosa*		二级	
椋鸟科	**Sturnidae**			
鹩哥	*Gracula religiosa*		二级	

续表

中文名	学名	保护级别	备注
鸫科	**Turdidae**		
褐头鸫	*Turdus feae*	二级	
紫宽嘴鸫	*Cochoa purpurea*	二级	
绿宽嘴鸫	*Cochoa viridis*	二级	
鹟科	**Muscicapidae**		
棕头歌鸲	*Larvivora ruficeps*	一级	
红喉歌鸲	*Calliope calliope*	二级	
黑喉歌鸲	*Calliope obscura*	二级	
金胸歌鸲	*Calliope pectardens*	二级	
蓝喉歌鸲	*Luscinia svecica*	二级	
新疆歌鸲	*Luscinia megarhynchos*	二级	
棕腹林鸲	*Tarsiger hyperythrus*	二级	
贺兰山红尾鸲	*Phoenicurus alaschanicus*	二级	
白喉石䳭	*Saxicola insignis*	二级	
白喉林鹟	*Cyomis brunneatus*	二级	
棕腹大仙鹟	*Niltava davidi*	二级	
大仙鹟	*Niltava grandis*	二级	
岩鹨科	**Prunellidae**		
贺兰山岩鹨	*Prunella koslowi*	二级	
朱鹀科	**Urocynchramidae**		
朱鹀	*Urocynchramus pylzowi*	二级	
燕雀科	**Fringillidae**		
褐头朱雀	*Carpodacus sillemi*	二级	
藏雀	*Carpodacus roborowskii*	二级	
北朱雀	*Carpodacus roseus*	二级	

续表

中文名	学名	保护级别		备注
红交嘴雀	*Loxia curvirostra*		二级	
鹀科	**Emberizidae**			
蓝鹀	*Emberiza siemsseni*		二级	
栗斑腹鹀	*Emberiza jankowskii*	一级		
黄胸鹀	*Emberiza aureola*	一级		
藏鹀	*Emberiza koslowi*		二级	
哺乳纲 MAMMALIA				
灵长目 #	**PRIMATES**			
懒猴科	**Lorisidae**			
蜂猴	*Nycticebus bengalensis*	一级		
倭蜂猴	*Nycticebus pygmaeus*	一级		
猴科	**Cercopithecidae**			
短尾猴	*Macaca arctoides*		二级	
熊猴	*Macaca assamensis*		二级	
台湾猴	*Macaca cyclopis*	一级		
北豚尾猴	*Macaca leonina*	一级		原名“豚尾猴”
白颊猕猴	*Macaca leucogenys*		二级	
猕猴	*Macaca mulatta*		二级	
藏南猕猴	*Macaca munzala*		二级	
藏酋猴	*Macaca thibetana*		二级	
喜山长尾叶猴	*Semnopithecus schistaceus*	一级		
印支灰叶猴	*Trachypithecus crepusculus*	一级		
黑叶猴	*Trachypithecus francoisi*	一级		
菲氏叶猴	*Trachypithecus phayrei*	一级		
戴帽叶猴	*Trachypithecus pileatus*	一级		

续表

中文名	学名	保护级别		备注
白头叶猴	*Trachypithecus leucocephalus*	一级		
肖氏乌叶猴	*Trachypithecus shortridgei*	一级		
滇金丝猴	*Rhinopithecus bieti*	一级		
黔金丝猴	*Rhinopithecus brelichi*	一级		
川金丝猴	*Rhinopithecus roxellana*	一级		
怒江金丝猴	*Rhinopithecus strykeri*	一级		
长臂猿科	**Hylobatidae**			
西白眉长臂猿	*Hoolock hoolock*	一级		
东白眉长臂猿	*Hoolock leuconedys*	一级		
高黎贡白眉长臂猿	*Hoolock tianxing*	一级		
白掌长臂猿	*Hylobates lar*	一级		
西黑冠长臂猿	*Nomascus concolor*	一级		
东黑冠长臂猿	*Nomascus nasutus*	一级		
海南长臂猿	*Nomascus hainanus*	一级		
北白颊长臂猿	*Nomascus leucogenys*	一级		
鳞甲目 #	**PHOLIDOTA**			
鲮鲤科	**Manidae**			
印度穿山甲	*Manis crassicaudata*	一级		
马来穿山甲	*Manis javanica*	一级		
穿山甲	*Manis pentadactyla*	一级		
食肉目	**CARNIVORA**			
犬科	**Canidae**			
狼	*Canis lupus*		二级	
亚洲胡狼	*Canis aureus*		二级	
豺	*Cuon alpinus*	一级		

续表

中文名	学名	保护级别		备注
貉	*Nyctereutes procyonoides*		二级	仅限野外种群
沙狐	*Vulpes corsac*		二级	
藏狐	*Vulpes ferrilata*		二级	
赤狐	*Vulpes vulpes*		二级	
熊科	**Ursidae**			
懒熊	*Melursus ursinus*		二级	
马来熊	*Helarctos malayanus*	一级		
棕熊	*Ursus arctos*		二级	
黑熊	*Ursus thibetanus*		二级	
大熊猫科 #	**Ailuropodidae**			
大熊猫	*Ailuropoda melanoleuca*	一级		
小熊猫科 #	**Ailuridae**			
小熊猫	*Ailurus fulgens*		二级	
鼬科	**Mustelidae**			
黄喉貂	*Martes flavigula*		二级	
石貂	*Martes foina*		二级	
紫貂	*Martes zibellina*	一级		
貂熊	*Gulo gulo*	一级		
* 小爪水獭	*Aonyx cinerea*		二级	
* 水獭	*Lutra lutra*		二级	
* 江獭	*Lutrogale perspicillata*		二级	
灵猫科	**Viverridae**			
大斑灵猫	*Viverra megaspila*	一级		
大灵猫	*Viverra zibetha*	一级		
小灵猫	*Viverricula indica*	一级		

续表

中文名	学名	保护级别		备注
椰子猫	*Paradoxurus hermaphroditus*		二级	
熊狸	*Arctictis binturong*	一级		
小齿狸	*Arctogalidia trivirgata*	一级		
缟灵猫	*Chrotogale owstoni*	一级		
林狸科	**Prionodontidae**			
斑林狸	*Prionodon pardicolor*		二级	
猫科 #	**Felidae**			
荒漠猫	*Felis bieti*	一级		
丛林猫	*Felis chaus*	一级		
草原斑猫	*Felis silvestris*		二级	
渔猫	*Felis viverrinus*		二级	
兔狲	*Otocolobus manul*		二级	
猞猁	*Lynx lynx*		二级	
云猫	*Pardofelis marmorata*		二级	
金猫	*Pardofelis temminckii*	一级		
豹猫	*Prionailurus bengalensis*		二级	
云豹	*Neofelis nebulosa*	一级		
豹	*Panthera pardus*	一级		
虎	*Panthera tigris*	一级		
雪豹	*Panthera uncia*	一级		
海狮科 #	**Otariidae**			
* 北海狗	*Callorhinus ursinus*		二级	
* 北海狮	*Eumetopias jubatus*		二级	
海豹科 #	**Phocidae**			
* 西太平洋斑海豹	*Phoca largha*	一级		原名“斑海豹”

续表

中文名	学名	保护级别		备注
* 髯海豹	*Erignathus barbatus*		二级	
* 环海豹	*Pusa hispida*		二级	
长鼻目 #	**PROBOSCIDEA**			
象科	**Elephantidae**			
亚洲象	*Elephas maximus*	一级		
奇蹄目	**PERISSODACTYLA**			
马科	**Equidae**			
普氏野马	*Equus ferus*	一级		原名“野马”
蒙古野驴	*Equus hemionus*	一级		
藏野驴	*Equus kiang*	一级		原名“西藏野驴”
偶蹄目	**ARTIODACTYLA**			
骆驼科	**Camelidae**			原名“驼科”
野骆驼	*Camelus ferus*	一级		
鼷鹿科 #	**Tragulidae**			
威氏鼷鹿	*Tragulus williamsoni*	一级		原名“鼷鹿”
麝科 #	**Moschidae**			
安徽麝	*Moschus anhuiensis*	一级		
林麝	*Moschus berezovskii*	一级		
马麝	*Moschus chrysogaster*	一级		
黑麝	*Moschus fuscus*	一级		
喜马拉雅麝	*Moschus leucogaster*	一级		
原麝	*Moschus moschiferus*	一级		
鹿科	**Cervidae**			
獐	*Hydropotes inermis*		二级	原名“河麂”
黑麂	*Muntiacus crinifrons*	一级		

续表

中文名	学名	保护级别		备注
贡山麂	*Muntiacus gongshanensis*		二级	
海南麂	*Muntiacus nigripes*		二级	
豚鹿	*Axis porcinus*	一级		
水鹿	*Cervus equinus*		二级	
梅花鹿	*Cervus nippon*	一级		仅限野外种群
马鹿	*Cervus canadensis*		二级	仅限野外种群
西藏马鹿（包括白臀鹿）	*Cervus wallichii (C.w.macneilli)*	一级		
塔里木马鹿	*Cervus yarkandensis*	一级		仅限野外种群
坡鹿	*Panolia siamensis*	一级		
白唇鹿	*Przewalskium albirostris*	一级		
麋鹿	*Elaphurus davidianus*	一级		
毛冠鹿	*Elaphodus cephalophus*		二级	
驼鹿	*Alces alces*	一级		
牛科	**Bovidae**			
野牛	*Bos gaurus*	一级		
爪哇野牛	*Bos javanicus*	一级		
野牦牛	*Bos mutus*	一级		
蒙原羚	*Procapra gutturosa*	一级		原名“黄羊”
藏原羚	*Procapra picticaudata*		二级	
普氏原羚	*Procapra przewalskii*	一级		
鹅喉羚	*Gazella subgutturosa*		二级	
藏羚	*Pantholops hodgsonii*	一级		
高鼻羚羊	*Saiga tatarica*	一级		
秦岭羚牛	*Budorcas bedfordi*	一级		
四川羚牛	*Budorcas tibetanus*	一级		

续表

中文名	学名	保护级别		备注
不丹羚牛	*Budorcas whitei*	一级		
贡山羚牛	*Budorcas taxicolor*	一级		
赤斑羚	*Naemorhedus baileyi*	一级		
长尾斑羚	*Naemorhedus caudatus*		二级	
缅甸斑羚	*Naemorhedus evansi*		二级	
喜马拉雅斑羚	*Naemorhedus goral*	一级		
中华斑羚	*Naemorhedus griseus*		二级	
塔尔羊	*Hemitragus jemlahicus*	一级		
北山羊	*Capra sibirica*		二级	
岩羊	*Pseudois nayaur*		二级	
阿尔泰盘羊	*Ovis ammon*		二级	
哈萨克盘羊	*Ovis collium*		二级	
戈壁盘羊	*Ovis darwini*		二级	
西藏盘羊	*Ovis hodgsoni*	一级		
天山盘羊	*Ovis karelini*		二级	
帕米尔盘羊	*Ovis polii*		二级	
中华鬣羚	*Capricornis milneedwardsii*		二级	
红鬣羚	*Capricornis rubidus*		二级	
台湾鬣羚	*Capricornis swinhoei*	一级		
喜马拉雅鬣羚	*Capricornis thar*	一级		
啮齿目	**RODENTIA**			
河狸科 #	**Castoridae**			
河狸	*Castor fiber*	一级		
松鼠科	**Sciuridae**			
巨松鼠	*Ratufa bicolor*		二级	

续表

中文名	学名	保护级别		备注
兔形目	**LAGOMORPHA**			
鼠兔科	**Ochotonidae**			
贺兰山鼠兔	*Ochotona argentata*		二级	
伊犁鼠兔	*Ochotona iliensis*		二级	
兔科	**Leporidae**			
粗毛兔	*Caprolagus hispidus*		二级	
海南兔	*Lepus hainanus*		二级	
雪兔	*Lepus timidus*		二级	
塔里木兔	*Lepus yarkandensis*		二级	
海牛目 #	**SIRENIA**			
儒艮科	**Dugongidae**			
* 儒艮	*Dugong dugon*	一级		
鲸目 #	**CETACEA**			
露脊鲸科	**Balaenidae**			
* 北太平洋露脊鲸	*Eubalaena japonica*	一级		
灰鲸科	**Eschrichtiidae**			
* 灰鲸	*Eschrichtius robustus*	一级		
须鲸科	**Balaenopteridae**			
* 蓝鲸	*Balaenoptera musculus*	一级		
* 小须鲸	*Balaenoptera acutorostrata*	一级		
* 塞鲸	*Balaenoptera borealis*	一级		
* 布氏鲸	*Balaenoptera edeni*	一级		
* 大村鲸	*Balaenoptera omurai*	一级		
* 长须鲸	*Balaenoptera physalus*	一级		
* 大翅鲸	*Megaptera novaeangliae*	一级		

续表

中文名	学名	保护级别		备注
白鱀豚科	**Lipotidae**			
* 白鱀豚	*Lipotes vexillifer*	一级		
恒河豚科	**Platanistidae**			
* 恒河豚	*Platanista gangetica*	一级		
海豚科	**Delphinidae**			
* 中华白海豚	*Sousa chinensis*	一级		
* 糙齿海豚	*Steno bredanensis*		二级	
* 热带点斑原海豚	*Stenella attenuata*		二级	
* 条纹原海豚	*Stenella coeruleoalba*		二级	
* 飞旋原海豚	*Stenella longirostris*		二级	
* 长喙真海豚	*Delphinus capensis*		二级	
* 真海豚	*Delphinus delphis*		二级	
* 印太瓶鼻海豚	*Tursiops aduncus*		二级	
* 瓶鼻海豚	*Tursiops truncatus*		二级	
* 弗氏海豚	*Lagenodelphis hosei*		二级	
* 里氏海豚	*Grampus griseus*		二级	
* 太平洋斑纹海豚	*Lagenorhynchus obliquidens*		二级	
* 瓜头鲸	*Peponocephala electra*		二级	
* 虎鲸	*Orcinus orca*		二级	
* 伪虎鲸	*Pseudorca crassidens*		二级	
* 小虎鲸	*Feresa attenuata*		二级	
* 短肢领航鲸	*Globicephala macrorhynchus*		二级	
鼠海豚科	**Phocoenidae**			
* 长江江豚	*Neophocaena asiaeorientalis*	一级		
* 东亚江豚	*Neophocaena sunameri*		二级	

续表

中文名	学名	保护级别		备注
* 印太江豚	*Neophocaena phocaenoid*		二级	
抹香鲸科	**Physeteridae**			
* 抹香鲸	*Physeter macrocephalus*	一级		
* 小抹香鲸	*Kogia breviceps*		二级	
* 侏抹香鲸	*Kogia sima*		二级	
喙鲸科	**Ziphidae**			
* 鹅喙鲸	*Ziphius cavirostris*		二级	
* 柏氏中喙鲸	*Mesoplodon densirostris*		二级	
* 银杏齿中喙鲸	*Mesoplodon ginkgodens*		二级	
* 小中喙鲸	*Mesoplodon peruvianus*		二级	
* 贝氏喙鲸	*Berardius bairdii*		二级	
* 朗氏喙鲸	*Indopacetus pacificus*		二级	
* 代表水生野生动物；# 代表该分类单元所有种均列入名录。				

中文名索引

R

S

T

X

Y

Z

拉丁学名索引